AF411236

50

L'ART

D'ESSAYER

LES MINES

ET

LES MÉTAUX.

L'ART

D'ESSAYER

LES MINES

ET

LES MÉTAUX;

Publié en Allemand par M. SCHINDLERS, *&*
traduit en François par feu M. GEOFFROY,
le fils, de l'Académie Royale des Sciences.

A PARIS,

Chez JEAN-THOMAS HÉRISSANT,
Libraire, rue S. Jacques, à S. Paul
& à S. Hilaire.

MDCCLIX.

Avec Approbation, & Privilége du Roi.

AVIS
AU LECTEUR.

L'*Art d'essayer les Mines & les Métaux*, publié en Allemand par *Schindlers*, est ancien, mais toujours estimé : ses procédés sont simples & de pure pratique. M. *Gellert*, dans sa *Docimasie*, en a indiqués quelques autres qui sont fondés sur une très-bonne théorie, & qui fournissent aux essais des Mines, plus de métal, que ceux de *Faschs*, de *Schind-*

lers, de *Schluter*, de M. *Crammer*, &c. parce qu'il n'y employe pas de Sels Alcalis fixes, lesquels, avec le soufre du minéral, donnent un flux qui diſſout & détruit toujours une portion du métal, ſans même épargner l'or, ſi le minéral en contient. Cependant, pour ſe conformer aux uſages de toutes les Fonderies de l'Allemagne, les eſſayeurs de Freyberg & des autres diſtricts de la Saxe, ſont obligés de ſuivre l'ancienne méthode preſcrite par Schindlers, &c. On n'a point encore adopté celle de M. Gellert, qui exige beaucoup d'attention & d'exactitude dans les eſſais. Feu M. Geoffroi, le fils, avoit fait une traduction de la *Docimaſie* de Schindlers ; &, pendant deux ans, en avoit vérifié tous les procédés. Son Manuſcrit, examiné par l'Académie Royale des Sciences, a été jugé digne de l'impreſſion. C'eſt une Collection, diviſée par Chapitres, de recettes & de

procédés, sans aucun rai-
sonnement. Schindlers,
n'a pas gardé l'ordre gé-
néral de la Métallurgie ;
& souvent, après avoir
traité de chaque métal
en particulier, il se trouve
obligé de revenir à traiter
des essais en général. Le
Traducteur auroit pu
changer cet ordre ; mais
il s'est contenté de re-
trancher des répétitions
inutiles. Enfin, dans l'é-
tat où se trouve cette
Traduction, on se flatte
qu'elle sera utile à cause
de sa briéveté.

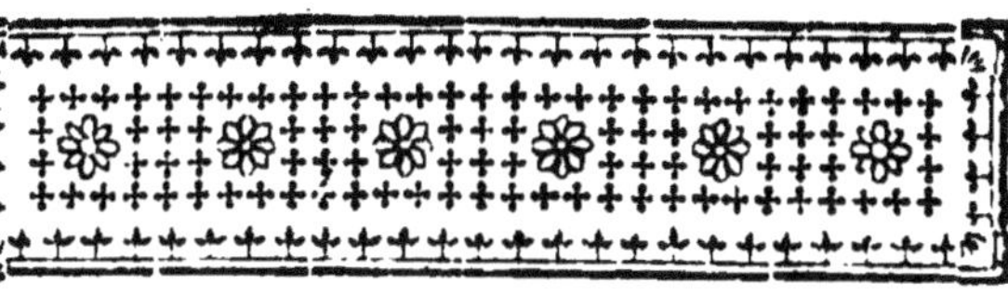

TABLE
DES CHAPITRES
Contenus dans ce Volume.

Fin de la Table des Chapitres.

EXTRAIT

DES REGISTRES

DE L'ACADÉMIE ROYALE

DES SCIENCES.

Du 23 Décembre 1757.

MESSIEURS MALOUIN & MACQUER, qui avoient été nommés pour examiner la Traduction faite par feu M. GEOFFROY, le fils, de *L'Art d'essayer les Mines & les Métaux DE SCHINDLERS*, en ayant fait leur rapport, l'Académie a jugé cet Ouvrage digne de l'impression ; en foi de quoi, j'ai signé le présent Certificat ; à Paris, ce 14 Janvier 1758.

GRANDJEAN DE FOUCHY, *Sécr. perp. de l'Académie Royale des Sciences.*

PRIVILEGE DU ROI.

LOUIS, PAR LA GRACE DE DIEU, Roi DE FRANCE ET DE NAVARRE, A nos amés & féaux Conseillers les Gens tenans nos Cours de Parlement, Maîtres des Requêtes ordinaires de notre Hôtel, Grand Conseil, Prévôt de Paris, Baillifs, Sénéchaux, leurs Lieutenans Civils & autres nos Justiciers qu'il appartiendra : SALUT. Nos bien Amés LES MEMBRES DE L'ACADÉMIE ROYALE DES SCIENCES de notre bonne Ville de Paris, Nous ont fait exposer qu'ils auroient besoin de nos Lettres de Privilége pour l'impression de leurs Ouvrages. A CES CAUSES, voulant favorablement traiter les Exposans, Nous leur avons permis & permettons, par ces Présentes, de faire imprimer par tel Imprimeur qu'ils voudront choisir, toutes les Recherches ou Observations journalieres, ou Relations annuelles de tout ce qui aura été fait dans les Assemblées de ladite Académie Royale des Sciences, les Ouvrages, Mémoires ou Traités de chacun des Particuliers qui la composent, & généralement tout ce que ladite Académie voudra faire paroître, après avoir fait examiner lesdits Ouvrages, & jugé qu'ils sont dignes de l'impression, en tels volumes, forme, marge, caractères, conjointement ou séparément, & autant de fois que bon leur semblera, & de les faire vendre & débiter par tout notre Royaume, pendant le temps de vingt an-

nées confécutives, à compter du jour de la
date des Préfentes ; fans toute-fois qu'à l'oc-
cafion des Ouvrages ci-deſſus fpécifiés il
puiſſe en être imprimé d'autres qui ne foient
pas de ladite Académie : Faifons défenfes à
toutes fortes de perfonnes , de quelque
qualité & condition qu'elles foient, d'en
introduire d'impreſſion étrangère dans aucun lieu de notre Obéiſſance , comme auſſi
à tous Libraires & Imprimeurs d'imprimer ,
ou faire imprimer , vendre ou faire vendre
& débiter lefdits Ouvrages , en tout ou en
partie , & d'en faire aucunes Traductions ou
Extraits , fous quelque prétexte que ce puiſſe
être , fans la permiſſion expreſſe & par écrit
defdits Expofans , ou de ceux qui auront
droit d'eux , à peine de confifcation des
Exemplaires contrefaits , de trois mille livres d'amende contre chacun des contreve-
nans , dont un tiers à Nous , un tiers à
l'Hôtel-Dieu de Paris , & l'autre tiers auxdits
Expofans , ou à celui qui aura droit d'eux ,
& de tous dépens , dommages & intérêts ;
A la charge que ces Préfentes feront enre-
giſtrées tout au long fur le Regiſtre de la
Communauté des Libraires & Imprimeurs
de Paris , dans trois mois de la date d'icelles ;
que l'impreſſion defdits Ouvrages fera faite
dans notre Royaume , & non ailleurs , en
bon papier & beaux caractères , conformé-
ment aux Réglemens de la Librairie ; &
qu'avant de les expofer en vente , les Ma-
nufcrits ou Imprimés qui auront fervi de
Copie à l'impreſſion defdits Ouvrages , feront remis ès mains de notre très-cher &

féal Chevalier le Sieur DAGUESSEAU, Chancelier de France, Commandeur de nos Ordres : & qu'il en fera enfuite remis deux Exemplaires dans notre Bibliothéque publique, un en celle de notre Château du Louvre, & un dans celle de notredit très-cher & féal Chevalier, le Sieur DAGUESSEAU, Chancelier de France ; le tout à peine de nullité defdites Préfentes. Du contenu defquelles vous mandons & enjoignons de faire jouir lefdits Expofans & leurs Ayans caufes, pleinement & paifiblement, fans fouffrir qu'il leur foit fait aucun trouble ou empêchement. Voulons que la Copie des Préfentes, qui fera imprimée tout au long au commencement ou à la fin defdits Ouvrages, foit tenue pour dûement fignifiée, & qu'aux Copies collationnées par l'un de nos amés, féaux Confeillers & Secrétaires, foi foit ajoutée comme à l'Original. Commandons au premier notre Huiffier ou Sergent fur ce requis, de faire pour l'exécution d'icelles, tous Actes requis & néceffaires, fans demander autre permiffion, & nonobftant clameur de Haro, Charte Normande, & Lettres à ce contraires. Car tel eft notre plaifir. DONNÉ à Paris le dix-neuviéme jour du mois de Février l'an de grace mil fept cent cinquante, & de notre Régne le trentecinquiéme. Par le Roi en fon Confeil.

Signé, MOL.

Regiftré fur le Regiftre XII. *de la Chambre Royale & Syndicale des Libraires & Impri-*

meurs de *Paris*, N°. 430. *fol.* 309. *confor-mément au Réglement de* 1723 *, qui fait défense art.* 4. *à toutes personnes de quelque qualité & condition qu'elles soient, autres que les Libraires & Imprimeurs, de vendre, débiter & faire afficher aucuns Livres pour les vendre, soit qu'ils s'en difent les auteurs ou autrement ; à la charge de fournir à la susdite Chambre, huit Exemplaires de chacun, prescrits par l'Art.* 108 *du même Ré-glement. A Paris le* 5 *Juin* 1750.

Signé, LE GRAS, Syndic.

E R R A T A.

PAg. 39. *ligne* 11. amerterés, *lisez* cémenterés.

Pag. 42. *ligne* 12. Capsuls, *lisez* Capsules.

Pag. 188. *ligne* 6. retirés, *lisez* rotirés.

L'ART

L'ART
D'ESSAYER
LES MINES
ET
LES MÉTAUX.

***

CHAPITRE PREMIER.

Ce que c'est que l'Art d'essayer.

CET Art illustre est de la plus grande utili-té ; il nous fournit les moyens de connoître non seu-lement la nature des Mines & des matiéres métalliques, ce qu'elles sont, & ce qu'elles

A

contiennent de métal ; mais il nous apprend encore à connoître ſi un métal eſt pur, ou s'il eſt allié ; de quelle nature eſt cet alliage, & comment on peut l'en ſéparer. Cet art & le calcul, qui en eſt inſéparable, ſont d'une néceſſité indiſpenſable dans toutes les affaires qui concernent les Monnoies. Outre tous ces avantages il a encore celui (dit l'Auteur) de nous procurer quelquefois des remédes très-utiles pour la conſervation de la ſanté des hommes. Enfin, cet art éxige des connoiſſances ſi étendues, que plus on en acquiert en l'approfondiſſant, plus on en trouve à acquérir.

CHAPITRE II.

En quoi consiste proprement l'Art d'essayer.

ON peut diviser cet Art en deux parties principales; sçavoir la préparation nécessaire pour le travail, & le travail lui-même.

La préparation nécessaire pour le travail est celle des vaisseaux & des autres instrumens dont on peut avoir besoin. Mais quelqu'importante que soit cette partie, l'Artiste ne doit pas s'en occuper lui-même, il suffit qu'il le fasse faire avec exactitude; & pour cet effet il faut qu'il ait des ouvriers intelligens dans plusieurs métiers. Par exemple, il doit avoir nécessairement un bon serrurier, un bon potier de terre, &c.

CHAPIRE III.

Quels sont les instrumens, & les vaisseaux les plus nécessaires à un Essayeur.

CEs vaisseaux & ces instrumens sont :

1°. Un fourneau d'essai d'une tole forte & bien proportionné.

2°. Un bon fourneau à vent avec un soufflet un peu grand.

3°. Des mouffles de toutes les espéces, & des femeles.

4°. Des tests & des fromages ou culots de terre, servant à mettre sous les creusets.

5°. Des coupelles de plusieurs grandeurs & des tests à raffiner.

6°. Des creusets ronds, nommés en Allemand *tutte*.

7°. Des creusets à fondre

ronds ou triangulaires de différentes grandeurs.

8°. Des cucurbites de verre, & une couple de petits trépieds.

9°. Des cornues, des récipients, & des entonnoirs.

10°. Des marmites de cuivre fortes pour la précipitation de l'argent.

11°. Des moules à coupelles & à mouffles, des pincettes fortes, des crochets de fer à remuer, des gratte-boffes, une plaque de fer de fonte à broyer, un marteau à tête large, des lingottieres, de petites cueilleres, des mortiers, des limes, des pinces, des cifeaux de fculpteur, une petite enclume, un cône de bronze, & des tamis de crin.

12°. Du verre de plomb, & d'autres flux.

13°. Du flux noir, fait avec

deux parties de tartre & une partie de nitre.

14°. De l'eau forte, & de l'eau régale.

15°. De la poudre à cémenter.

16°. Des touchaux de toutes les espéces pour l'or & l'argent, & une bonne pierre de touche.

17°. Une bonne balance d'essai ; une autre plus forte pour peser les mines, & une troisiéme pour le plomb, avec un poids de quintal, un poids de marc, un poids de denier, un poids de grain, un poids de karat, & un poids pour les monnoies, ou de proportion.

CHAPITRE IV.

Du Fourneau d'essai & des proportions qu'on doit lui donner.

UN fourneau d'essai, pour être bon, doit être fait avec la plus grande exactitude. On peut le diviser suivant la demie aune de Dresde, qui est composée de douze pouces, comme notre pied courant.

Le bas du fourneau doit avoir un pied en quarré, & sa hauteur totale, seize pouces en dedans. Les côtés du fourneau seront élevés perpendiculairement sur la base jusqu'à la hauteur de dix pouces, & à cette hauteur ils commenceront à se rapprocher en prenant une situation oblique, ce qui rétrécira la partie supérieure du fourneau, de maniere que l'ou-

verture quarrée d'en haut n'aura plus que huit pouces en tout
sens. L'épaisseur de l'enduit
du lut, que l'on applique dans
l'intérieur de ce fourneau, doit
être d'un pouce & demi sur les
côtés , & seulement de trois
quarts de pouce sur le fond.
Il faut que la porte inférieure
ait trois pouces de haut , sur
quatre pouces & demi de large. L'espace entre le dessus de
la porte inférieure & le bas de
la porte supérieure , ou de l'entrée de la mouffle , sera de deux
pouces : & cette porte supérieure aura trois pouces & demi de haut , sur quatre pouces
de large : à trois pouces trois
quarts au-dessus de cette porte , il faut percer un trou rond
d'un pouce de diamétre , au-
dessus duquel il ne doit plus
rester que trois pouces jusques
au haut du fourneau.

En prenant un demi pouce au-deſſous du bas de la porte ſupérieure, on aura l'épaiſſeur de la ſemele de la mouffle, & à cet endroit on percera deux trous ſur le devant & ſur le derriere du fourneau. Ces trous qui ont trois quarts de pouce de diamétre, doivent être éloignés des côtés du fourneau de deux pouces & un quart. Ils ſont deſtinés à recevoir deux barreaux de fer qui ſortent de quatre pouces ſur le devant du fourneau, afin de porter un carreau de terre cuite de la grandeur d'une demie ſemele, qui doit ſe trouver de niveau avec l'entrée de la mouffle. Il faut que chacune des ouvertures du fourneau ait une porte afin qu'on puiſſe les fermer exactement.

Lorſque la cage extérieure du fourneau, qui doit être en

tole, est faite suivant les proportions que je viens de détailler, il faut l'enduire dans l'intérieur de l'épaisseur d'un pouce & demi du lut suivant.

Lut pour le fourneau d'essai.

On le fait avec parties égales de terre grasse, d'écailles de fer, de sable, & de poil de veau, bien mêlés ensemble, & paitris avec de l'eau qui contient moitié sang de bœuf. Lorsque ce premier enduit est sec, il faut en mettre par dessus un autre d'un mélange de chaux éteinte, de verre pilé bien fin, & de litharge, le tout incorporé avec du blanc d'œuf.

La mouffle est ce qui couvre les coupelles : elle a la forme d'un demi cylindre creux & fermé par un bout : pour qu'elle reçoive plus de chaleur, il faut qu'il y ait de distance en distance des échancrures dans sa partie inférieure. Outre cela

il doit y avoir cinq quarts de
pouce de diſtance entre ſes côtés & les parois intérieures du
fourneau. La longueur totale
de la mouffle, y compris ſon
épaiſſeur, qui eſt d'un demi
pouce, doit être de ſept pouces & demi ; la largeur ſera
de ſix pouces & demi , & la
hauteur de trois pouces & demi. La mouffle eſt poſée ſur
cette plaque de terre, que l'on
nomme *Semele*, & ſur laquelle on place les coupelles. Son
épaiſſeur eſt d'un demi pouce,
ſur huit pouces de long, & ſept
de large. La mouffle & la ſemele doivent être faites toutes
deux de bonne terre à potier.

CHAPITRE V.

Composition de la terre avec laquelle on fait les Creusets servant à fondre, & les tests.

CETTE terre doit être pré-parée avec deux livres de terre à potier bien pure, qua-tre onces de verre en poudre fine, & huit onces de pierre à fusil bien pulvérisée.

CHAPITRE VI.

Maniere de préparer les Luts dont on se sert pour enduire les creusets & les cucurbites.

1. LE meilleur Lut servant à enduire les creusets & les cucurbites, est composé de six parties d'argile, de trois parties de poil ou tonture de

draps, de trois parties de fable fin, d'une partie & demie d'écailles de fer, & d'une demie partie de crotin de cheval, le tout réduit en pâte avec fuffifante quantité d'eau *.

2. Pour luter les cucurbites de verre, il faut d'abord les tremper dans une eau d'alun; puis, lorfqu'elles font féches, les enduire de l'épaiffeur d'un doigt, avec le lut fuivant. Prenez parties égales de blanc de plomb, & de verre de Venife ou de verre commun pulvérifé, & faites-en une pâte avec de l'eau, dans laquelle vous aurez fait diffoudre fuffifante quantité de colle de poiffon. Les vaiffeaux de verre enduits de ce lut pourront réfifter au feu le plus violent.

Lut pour les vaiffeaux de verre.

* *Nota.* Cette terre ainfi préparée peut fervir à faire de bons creufets.

CHAPITRE VII.

Maniere de former les Coupelles, & de préparer les cendres destinées à les former.

LEs Coupelles étant d'une absolue nécessité pour les essais des mines & des monnoies, il est important de préparer soi-même la matiere dont on doit ensuite les former.

Prenez des cendres, passez-les par un tamis serré, afin d'en séparer les pierres & les charbons qui pourroient s'y trouver. Versez de l'eau dessus, brouillez bien le tout; & lorsque les cendres se seront précipitées, décantez l'eau. Versez-en de nouvelle, & continuez en répétant les lotions, jusqu'à ce que vous ayez emporté toute la graisse & les sels

de ces cendres. Alors, verſez
beaucoup d'eau deſſus, agitez-
les bien, & coulez promptement, à travers un tamis de
crin, cette eau trouble qui contient les parties les plus fines
de ces cendres. Vous continuerez cette opération juſqu'à
ce que toute la cendre fine ait
paſſé, & qu'il ne reſte au fond
du vaiſſeau que ce qu'il y a de
plus groſſier. Laiſſez repoſer
l'eau trouble, afin que la cendre ſe précipite ; & décantez
à meſure, tous les jours, l'eau
claire qui ſurnage, juſqu'à ce
qu'il n'en reſte plus que la quantité néceſſaire pour donner à
ces cendres la conſiſtence d'u-
ne pâte fine. Alors faites-en des
boulles que vous mettrez ſé-
cher au ſoleil, ou ſimplement
à l'air. Plus elles ſont ſéches,
meilleures elles ſont. Réduiſez
enſuite en poudre ſubtile ces

cendres ainsi préparées, & gardez-les pour l'usage.

Prenez ensuite des os de veau, de cheval, ou d'autres animaux ; les arrêtes de poissons sont bonnes aussi. Calcinez-les jusqu'à ce qu'ils soient bien blancs. Réduisez-les en poudre , & calcinez de nouveau cette poudre dans un creuset. Lorsqu'elle sera refroidie, lavez la dans plusieurs eaux ; puis l'ayant fait sécher, faites-en une poudre encore plus fine, que vous enfermerez soigneusement.

Lorsque vous voudrez faire des coupelles , vous mêlerez ensemble une livre des premieres cendres , & une demie livre des cendres d'os : vous humecterez le tout avec un peu de petite bierre, ou simplement avec de l'eau de fontaine, pour en faire une espéce de pâte séche ;

che ; mais cependant affez liée, pour qu'on puiffe lui donner une forme en la preffant entre les doigts. Alors empliffez-en un moule de cuivre jaune creux , que l'on appelle une *Nonne* ; puis ayant placé deffus l'autre partie du moule ou le pilon , enfoncez-le en frappant trois coups deffus avec un maillet , afin de former le baffin de la coupelle ; vous le foupoudrerez enfuite de cendres d'os très-fines , que l'on nomme de la *Claire :* replacez le pilon dans le baffin de la coupelle , & frappez encore un coup, afin d'attacher cette *claire* , qui fans cela ne tiendroit pas. Retirez alors la coupelle & la faites fécher : plus les coupelles font anciennes & féches, meilleures elles font.

B

CHAPITRE VIII.

Du flux de Verre ou de Cailloux.

Verre de
plomb.

1. POur préparer le verre de plomb, qui, à cause de sa composition est renfermé sous la dénomination générale de flux de verre ou de cailloux, prenez une livre de pierre à fusil blanche calcinée, & réduite en poudre subtile, & trois livres de litharge d'argent. Mêlez bien ces deux matieres ; & les ayant mises dans un creuset, couvrez-les, de l'épaisseur d'un doigt ; de sel marin : placez ensuite ce creuset dans un fourneau de fonte, & chauffez-le vivement jusqu'à ce que la matiere soit parfaitement fondue. Alors retirez le creuset, frappez le tout autour à petits coups, & casfez-le lorfqu'il fera froid. Séparez, le plus exactement que vous pourrez, le verre de plomb du culot de ce métal qui fe fera précipité au fond du creufet. Réduifez ce verre en une poudre bien fine, que vous garderez pour l'ufage. Ce flux s'employe avec fuccès pour faire fondre les mines les plus rebelles.

2. Le verre de Venife, ou à fon défaut le verre commun réduit en poudre fubtile, fait auffi un bon flux; mais moins actif que le précédent.

3. Les fcories des fontes, pulvérifées, font auffi un très-bon fondant; mais il faut les avoir effayé, afin d'être certain qu'elles ne contiennent point de métal.

CHAPITRE IX.

Des autres différens Flux.

Flux noir. 1. LE flux noir se prépare ainsi : Prenez deux livres de tartre rouge, & une livre de nitre. Réduisez ces matieres en poudre fine ; puis les ayant mêlées bien exactement, mettez le tout dans un pot de terre non vernissé. Allumez ce mélange à sa partie supérieure avec un charbon ardent, & couvrez le vase exactement pendant tout le tems de la détonation ; lorsqu'elle sera finie, vous réduirez la matiere en poudre avant qu'elle soit totalement refroidie, & vous l'enfermerez promptement dans un vase bien bouché, que vous placerez dans un lieu sec. Ces précautions

font d'une abfolue nécefſité ;
car ſi ce flux recevoit la moindre impreſſion de l'humidité, il
tomberoit en *deliquium.*

2. Prenez deux onces de
foufre, deux onces de ſel commun décrépité, quatre onces
de ſalpêtre fondu ou du moins
parfaitement ſec, & deux onces de vitriol calciné. Faites
fondre le tout enſemble, puis
coulez ce mélange fondu, vous
aurez une matiere ſemblable
extérieurement à un verre. Il
faut la pulvériſer, & l'enfermer
dans un vaſe bien bouché.

3. Le ſel de verre, eſt un ſel
qui ſurnage la matiere du verre
dans les pots des verreries.

4. Le *Caput mortuum* eſt la
matiere qui reſte dans la cornue après la diſtillation de
l'eau forte. Les fabriques de
vitriol en fourniſſent auſſi une
autre eſpéce, & ce dernier n'eſt

autre chose que le sédiment que les lessives de vitriol déposent, & que l'on calcine.

5. Le salpêtre est une matiere trop connue pour que je m'arrête à la définir. C'est un très-bon fondant lorsqu'il a été dépouillé de son humidité par la fusion, & alcalisé par la détonation avec le charbon. On le nomme alors *Nitre fixé.*

Nitre fixé. Pour le préparer, vous ferez fondre dans un creuset, à une douce chaleur, telle quantité de nitre que vous voudrez, & ensuite vous jetterez sur ce nitre fondu quelques petits charbons noirs. Il se fera une vive détonation ; vous continuerez cette projection jusqu'à ce qu'elle ne produise plus d'effet. Vous coulerez alors la matiere dans un mortier ; & pendant qu'elle sera encore chaude, vous la réduirez en une poudre, que vous renfermerez dans un vase bien bouché.

6. On fait encore un bon flux alcali de la maniere suivante : Pulvérisez & mêlez ensemble quatre livres de potasse, autant de sel commun, & de chaux vive, deux livres de salpêtre, & pareille quantité de tartre crud : mettez bouillir le tout dans une chaudiere de fer avec quatre livres d'urine, pendant un tems considérable ; après quoi filtrez la liqueur à travers une toile forte & serrée. Reversez cette lessive, & la faites passer six fois sur le marc, que vous arroserez ensuite avec une petite quantité d'eau pure pour le laver. Vous joindrez cette eau à la lessive susdite ; & en faisant évaporer le tout à siccité dans la marmite de fer, vous aurez le flux alcali.

Flux par les sels alcalis.

CHAPITRE X.

Maniere de préparer la meilleure Eau-forte.

PRENEZ deux livres & demie de salpêtre purifié, quatre livres de vitriol, & une demi-livre d'alun. Calcinez ces deux dernieres matieres, & remarquez combien elles auront perdu d'humidité dans cette opération. Mêlez ensuite le tout avec un peu de terre à potier, & mettez le mélange dans une cucurbite de Valdenbourg. Laissez-le pendant huit jours à la cave, en l'agitant une ou deux fois par jour, afin qu'il commence à s'humecter. Vous placerez alors la cucurbite dans un fourneau à distiler ; vous la couvrirez d'un chapiteau de verre, & vous lutterez exactement

tement les jointures avec le lut décrit dans le Chap. VI, n°. 2. Vous y adapterez enfuite un récipient affés grand, dans lequel vous aurez mis autant d'eau de pluie pure, que le vitriol & l'alun ont perdu d'humidité à la calcination. Vous lutterez auffi le récipient avec le même lut, ayant foin cependant de réferver un petit trou qu'on puiffe boucher facilement avec un morceau de bois taillé en foffet. Au moyen de cette précaution, lorfque les vapeurs viendront avec trop de violence, vous pourrez leur donner une iffue par cette ouverture. Les vaiffeaux étant ainfi difpofés, & les luts étant bien fecs, vous allumerez un feu doux au commencement, que vous augmenterez enfuite par dégrés; & à la fin, vous employerez un feu de flamme affez vif pour chaffer tout l'esprit acide. L'opération étant finie, vous ne délutterez les vaisseaux qu'au bout de deux jours. Ce tems est nécessaire pour que toutes les vapeurs qui font encore en mouvement, & qui circulent, puissent se condenser dans l'eau.

On peut distiler de la même maniere tous les esprits & toutes les huiles acides.

CHAPITRE XI.

Maniere de purifier l'Eau-forte.

FAITES dissoudre deux gros d'argent fin dans deux onces d'eau-forte pure : versez cette dissolution dans quatre ou cinq livres de l'eau-forte que vous voulez purifier. Toutes les parties hétérogènes contenues dans cette eau-forte s'en sépareront, & se précipiteront avec l'argent fous la forme d'un lait caillé. Lorfque la liqueur fera éclaircie, ce qui n'arrivera qu'au bout de vingt-quatre heures ou environ, vous y jetterez encore une petite quantité d'une pareille diffolution : fi elle fe trouble de nouveau, elle n'eft pas encore bien pure, & il faut continuer à y en verfer peu à peu jufqu'à ce que ce mélange ne la rende plus laiteufe. Vous décanterez alors cette eau - forte pure , vous édulcorerez le précipité , & vous le ferez fécher, puis vous l'imbiberez dans un bain de plomb fur une coupelle ; & lorfqu'elle fera paffée , vous trouverez à peu de chofe près la même quantité d'argent que vous avez employée à la purification de l'eau-forte.

CHAPITRE XII.

Maniere d'adoucir l'Eau-forte lorsqu'elle est trop active.

POUR connoître la qualité d'une eau-forte que l'on croit trop puissante, & pouvoir déterminer en même tems de combien on doit l'affoiblir, il faut peser suivant le petit poids de karat dont il sera parlé ci-après , un marc d'or & trois marcs d'argent, tous deux parfaitement purs : faites-les passer dans un peu de plomb sur une coupelle, afin de les bien mêler. Faites recuire le bouton, & le battez bien mince en l'allongeant ; coupez-en un petit morceau que vous roullerez en cornet, & faites-en le départ avec l'eau-forte que vous voulez connoître : si

elle eſt trop active, elle déchi-
rera le cornet, c'eſt-à-dire
qu'elle réduira l'or en chaux :
en ce cas-là vous l'affoiblirez,
en y mêlant, ſur chaque once,
un gros d'eau commune. Alors,
vous eſſayerez de nouveau cette eau-forte affoiblie, en l'em-
ployant pour faire le départ
d'un autre petit morceau de la
même lamine d'argent aurifere.
Si le cornet reſte entier, le diſ-
ſolvant a un juſte dégré de force; & par l'addition, bien facile,
d'un gros d'eau commune ſur
chaque once d'eau-forte, vous
pourrez amener toute la quantité que vous en avez au même dégré de force.

CHAPITRE XIII.

Maniere de fortifier l'Eau-forte trop foible.

L'Eau-forte est quelquefois si foible qu'elle ne dissout pas bien l'argent. Cela vient ordinairement de ce que dans la distillation on n'a pas eu le soin de lutter assés exactement les jointures, & de ce que les vapeurs acides les plus puissantes se sont échappées. Voici le moyen d'y remédier :

Refaites une distillation d'eau forte, comme je l'ai dit ci-dessus, & au lieu de l'eau de pluie que vous mettriez dans le récipient, mettez-y votre eau-forte trop foible, & vous aurez par ce moyen une eau-forte très-puissante. Ou bien, mettez votre eau-forte dans une cucurbi-

te de verre ; faites-la évaporer
à une douce chaleur, le phleg-
me se dissipera peu à peu , &
vous connoîtrez que votre eau-
forte est assés réduite, lorsque
le vase se remplira de vapeurs
rouges. Ces vapeurs étant pro-
duites par l'esprit acide qui
commence alors à s'éxhaler,
vous pouvez retenir le phleg-
me, qui s'évapore par le moyen
d'un chapiteau, & il vous servira
à mettre dans le récipient pour
une autre distillation d'eau-
forte , à la place de l'eau de
pluie dont vous vous serviriez.

CHAPITRE XIV.

Comment on peut distiller promptement une bonne Eau-forte.

POUR préparer une bonne eau-forte en peu de tems, il faut bien mêler ensemble trois livres de vitriol calciné, deux livres & demi de salpêtre pur, & cinq livres de chaux vive : le tout étant mis dans la cucurbite, vous y adapterez un chapiteau, & un récipient dans lequel vous mettrez un peu moins d'eau qu'à l'ordinaire. Vous lutterez ensuite exactement les jointures, & lorsque les luts seront bien secs, vous distillerez comme à l'ordinaire. La chaux vive que vous avez fait entrer dans le mélange ne vous laissera pas lieu de craindre que la matiere, en se gonflant, passe dans le réci-pient. Sur la fin de la distillation vous augmenterez le feu jusqu'à faire rougir la matiere, & vous aurez par ce moyen une bonne eau-forte. Il est vrai que cette opération en fournit un peu moins que celle que j'ai décrite ci-devant ; mais aussi elle ne dure que six heu-res , au lieu que l'autre n'en peut pas durer moins de vingt-quatre.

CHAPITRE XV.

Maniere de connoître le hinterhalt *de l'Eau-forte , c'est-
à-dire la quantité d'argent que
l'Eau - forte a laissee dans
l'essai de l'or après le départ.*

POUR connoître combien
l'eau-forte laisse d'argent
non diffous dans l'or dont on a
fait le départ , il faut mêler enfemble un marc fictif d'or pur
ou à vingt-quatre karats , &
trois marcs fictifs d'argent fin ,
en les faifant paffer fur une coupelle avec une petite quantité
de plomb. Vous battrez enfuite le bouton qui reftera fur la
coupelle , pour en faire une
lame bien mince , dont vous
formerez un cornet. Vous obferverez qu'il ne foit pas roullé
trop ferré afin que l'eau-forte

le touche dans toutes fes fur-
faces : mettez ce cornet dans
un petit matras avec une once
de l'eau-forte que vous voulez effayer, & pofez ce matras
fur un feu de charbon doux.
Lorfque l'eau-forte commencera à agir elle deviendra jaunâtre : mais elle s'éclaircira enfuite à mefure que la diffolution s'avancera. Lorfque vous
verrez que les bulles, qui s'é-
levent dans l'eau-forte, ne font
plus colorées, & que le matras, qui étoit obfcurci par les
vapeurs rouges, a repris fa premiere tranfparence ; étant fûr
alors que l'eau - forte n'agit
plus, vous la décanterez, &
vous en remettrez de nouvelle
à la place, afin d'être bien certain que cette eau-forte a enle-
vé tout l'argent qu'elle peut
diffoudre. Vous retirerez alors
le cornet que vous édulcorez

rez dans de l'eau tiéde, puîs
vous le ferez fécher & rougir
dans un petit creufet d'or. Enfin vous le peferez : s'il pefe
plus de vingt-quatre karats,
c'eft-à-dire, s'il eft plus lourd
que la quantité d'or que vous
avez employée, le furplus eft
précifément l'argent que l'eau-
forte n'a point diffout ; & fur
cette quantité, il en refte ordinairement depuis deux jufqu'à
trois grains. Mais fi.au contraire le cornet pefe moins de
vingt-quatre karats, c'eft une
marque certaine, ou que l'or
n'étoit pas bien pur, ou que
l'eau-forte ne l'étoit pas, puif-
qu'elle a diffout de l'or. Ainfi
il faut toujours effayer l'eau-
forte avant que de s'en fervir.

CHAPITRE XVI.

Maniere de préparer une bonne Eau-régale.

ON peut préparer une eau-régale, en faisant dissoudre dans deux livres d'eau-forte, sept onces deux gros de sel ammoniac bien pur. Le sel commun fait le même effet, mais non pas aussi-bien que le sel ammoniac. Voici encore une autre maniere :

Mettez dans une cucurbite de verre deux livres d'eau-forte, & huit onces de sel commun rougi par la décrépitation. Adaptez à cette cucurbite un chapiteau & un récipient ; puis ayant exactement lutté les jointures, procédez à la distillation : elle vous donnera une bonne eau-régale,

Autre procédé.

qui diffout promptement l'or, le cuivre & le fer ; elle diffout plus difficilement le mercure, le plomb & l'étain, & elle n'attaque point du tout l'argent.

CHAPITRE XVII.

Des Poudres à cémenter.

LEs différentes poudres à cémenter nécessaires à un Essayeur doivent être préparées comme il suit :

1°. Prenez quatre onces de poudre de briques, faite avec des briques d'une couleur bien rouge, deux onces de vitriol bleu calciné au rouge, une once de nitre pur, & demie once de sel ammoniac : mêlez bien le tout, & faites-en une poudre fine.

2°. Prenez quatre onces de poudre de briques, deux onces

de sel commun, une once de vitriol blanc, & demie once de nitre bien pur : broyez le tout ensemble, & humectez cette poudre avec de l'urine ou du vinaigre fort.

3°. Prenez huit onces de cailloux, & quatre onces de soufre pulvérisés : mêlez bien le tout ensemble. Tout ce que vous amenterez dans cette matiere sera exalté, dit l'Auteur, de trois dégrés en cinq jours.

4°. Prenez huit onces de poudre de briques, & quatre onces de sel commun, ou de sel gemme. Ces matieres étant bien broyées, & exactement mêlées, vous les humecterez avec de l'urine. L'or, cémenté avec cette matiere pendant vingt-quatre heures, deviendra parfaitement pur par une seule opération.

5°. Prenez sept onces de

poudre de briques, deux onces de pierre hamatite, demie once de saffran de mars, une once de verd de gris, trois onces de vitriol blanc, une once & demie de nitre, & une once de sel ammoniac : faites du tout une poudre fine, que vous humecterez avec du vinaigre. Ce cément purifie parfaitement l'or.

CHAPITRE XVIII.

Maniere de granuler le Plomb.

PRENEZ du plomb de Villach ou de Goslar, faites-le fondre dans un creuset, ou dans une cueillere, versez-le alors promptement dans une auge ou dans un plat de bois, qui aura été auparavant bien frotté de craye ou de cire : secouez-le rapidement dans ce plat ou

dans

dans cette auge en le vannant, il se réduira en grenailles très-fines, que vous séparerez des parties les plus grossieres, en les faisant passer par un crible de fer blanc. Cette grenaille sera d'un grain bien égal : vous la garderez pour l'usage.

On peut encore granuler le plomb en le versant, lorsqu'il est fondu, dans une boëtte de bois, que l'on ferme ensuite, & dans laquelle on l'agite sans craindre de se brûler.

D

CHAPITRE XIX.

Des Balances nécessaires à un Essayeur.

IL y a trois sortes de balances absolument nécessaires à un Essayeur.

La premiere est une bonne balance d'essai. Les meilleures se font à Nuremberg, à Aufbourg, & à Cologne. Cette balance doit être garnie de ses capsuls, & il faut qu'elle soit assés vive & assés sensible pour qu'un petit grain de sable la fasse trébucher dans l'instant. Cette balance sert à peser les boutons d'or, d'argent, de cuivre, &c. que l'on tire des Mines & des matieres métalliques, par le moyen de l'essai que l'on en fait. Elle doit être enfermée dans une lanterne vi-

trée , & lorfqu'on la fait agir
il faut avoir foin de détourner
fon haleine ; car fi la balance
eft bonne la moindre agitation
dans l'air fuffit pour la faire
varier.

La feconde balance doit être
un peu plus forte : elle fert à
pefer les matieres , dont il faut
au moins un quintal fictif. On
la nomme balance des Mines.

La troifiéme balance doit
être affés forte pour porter depuis une once jufqu'à un marc
réel. On s'en fert pour pefer
toutes les matieres que l'on
ajoute dans un effai , comme le
plomb , &c.

CHAPITRE XX.

Maniere de diviser les Poids d'essai.

LEs poids d'essai doivent être faits d'argent ou de cuivre. Il y en a de cinq sortes principales.

Le premier est le poids de quintal, qui sert à peser les mines & les boutons de cuivre. Pour le faire avec exactitude, il faut couper d'abord deux brins de cheveu ou de tuyau de plume d'une égale pesanteur. Il faut que ces premiers poids qui servent à déterminer tous les autres, soient assés legers pour que le quintal n'excede pas de beaucoup le poids d'un gros. Chacun de ces deux petits poids sera nommé une demie-once, ou un loth. Vous ferez ensuite un poids égal à

ces deux premiers pris enfemble ; puis vous raffemblerez ces
trois premiers poids pour en
faire un quatriéme qui leur foit
égal , & qui parconféquent pefera deux onces ou quatre loths.
Vous continuerez ainfi à former la fuite des poids en re-
montant , jufqu'à ce que vous
foyez parvenu au poids d'un
quintal : pour lors vous les arrangerez dans l'ordre fuivant,

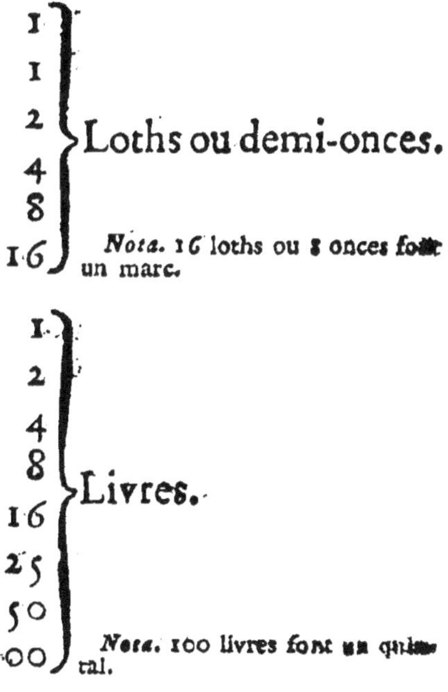

$$\left.\begin{array}{l} \text{I} \\ \text{I} \\ 2 \\ 4 \\ 8 \\ 16 \end{array}\right\}\text{Loths ou demi-onces.}$$

Nota. 16 loths ou 8 onces font un marc.

$$\left.\begin{array}{l} \text{I} \\ 2 \\ 4 \\ 8 \\ 16 \\ 25 \\ 50 \\ 100 \end{array}\right\}\text{Livres.}$$

Nota. 100 livres font un quintal.

Le second poids est le poids de marc. Le marc est divisé en 288 parties que l'on nomme grains, & parconséquent chaque loth, ou demi-once, contient 18 de ces mêmes grains. Ce poids sert dans les essais des monnoies, & de tous les métaux alliés qui contiennent de l'argent, mais en très-petite quantité. Voici les divisions de ce poids :

$$
\left.\begin{array}{l} 1 \\ 1 \\ 2 \\ 3 \\ 6 \\ 9 \\ 18 \end{array}\right\} \text{Grains.}
$$

Nota. 18 grains font un loth.

$$
\left.\begin{array}{ll} 36 \text{ grains ou} & 2 \\ 72 & 4 \\ 144 & 8 \\ 288 & 16 \end{array}\right\} \text{Loths ou demi-onces.}
$$

Nota. 16 lots font un marc.

Le troisiéme poids est le

poids de marc, dont les Ef-
fayeurs des monnoies fe fervent. Il eſt diviſé en deniers &
en grains. Voici l'ordre de ſes
ſubdiviſions :

$$
\left.\begin{array}{c}
\tfrac{1}{4} \\
\tfrac{1}{4} \\
\tfrac{1}{2} \\
1 \\
2 \\
3 \\
6 \\
9 \\
12 \\
24
\end{array}\right\} \text{Grains.}
$$

Nota, 24 grains font un denier.

$$
\left.\begin{array}{c}
2 \\
3 \\
6 \\
9 \\
12
\end{array}\right\} \text{Deniers.}
$$

Nota. 12 deniers font un marc.

Le quatriéme poids eſt le
poids de karat. Il ſert à connoître le titre de l'or dans les
eſſais. Le marc d'or, ſuivant ce
poids, eſt diviſé en 24 karats,

& chaque karat en 12 grains, comme il suit :

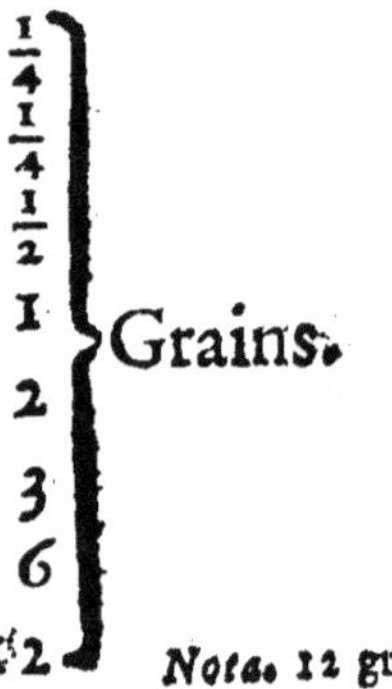

Le cinquiéme poids est le poids de denier, qui sert pour connoître par l'essai la valeur de toutes les monnoies étrangeres. Il sert aussi pour trouver le poids de proportion. Les subdivisions de ce poids doivent être rangées dans l'ordre qui suit.

$\left.\begin{array}{c}\frac{1}{8}\\\frac{1}{8}\\\frac{1}{4}\\\frac{1}{2}\\1\\2\\4\\8\end{array}\right\}$ Deniers.

Nota. 8 deniers font un demi-loth, ou deux gros.

$\left.\begin{array}{c}1\\2\\4\\8\\16\end{array}\right\}$ Loths ou demi-onces.

Nota. 16 loths font un marc.

Si vous voulez vous servir de ce poids de denier comme poids de proportion, ou pour peſer une piece de monnoie, il doit être rangé de la maniere ſuivante : en prenant pour baſe de ce poids de proportion, la ſeiziéme partie d'un loth, ou demi-once réelle, qui eſt un ſeiziéme du premier poids de la ſuite des poids de denier, c'eſt-à-dire, qu'il faut ſeize ſeiziémes d'un loth, ou une demi-once,

E

pour équivaloir à un huitiéme
de denier ; il faut trente-deux
de ces mêmes seiziémes pour
faire un quart de denier, & ainsi
de suite.

Poids de Proportion.

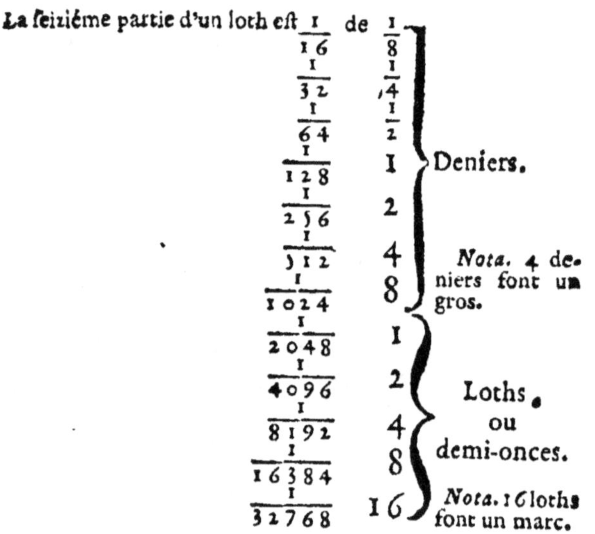

La seiziéme partie d'un loth est $\frac{1}{16}$ de $\frac{1}{8}$

$\frac{1}{32}$ $\frac{1}{4}$

$\frac{1}{64}$ $\frac{1}{2}$

$\frac{1}{128}$ 1 } Deniers.

$\frac{1}{256}$ 2

$\frac{1}{512}$ 4 } *Nota.* 4 de-

$\frac{1}{1024}$ 8 } niers font un gros.

$\frac{1}{2048}$ 1

$\frac{1}{4096}$ 2 } Loths.

$\frac{1}{8192}$ 4 } ou

$\frac{1}{16384}$ 8 } demi-onces.

$\frac{1}{32768}$ 16 } *Nota.* 16 loths font un marc.

Tous les poids dont je viens
de parler doivent être numé-
rotés avec soin, & chaque suite
de ces poids doit être enfermée
dans une boëte particuliere,
dans laquelle sont pratiquées
des cases, ou petites loges,
qui servent à les placer.

CHAPITRE XXI.
Des Touchaux.

LES touchaux font des lames de métal longues & étroites, qui fervent à faire connoître le titre d'un métal avec lequel on les compare fur la pierre de touche. Les deux tiers de ces lames de métal font de cuivre jaune pur, & à l'extrémité de cette lame eft foudé l'or qui fert à toucher. Il y a des touchaux pour l'or & pour l'argent. Les touchaux qui fervent pour connoître le titre de l'or font de trois fortes.

La premiere fert pour l'or qui eft allié avec de l'argent.

La feconde fert pour l'or qui eft allié avec du cuivre.

La troifiéme fert pour l'or qui eft allié d'argent & de cuivre.

Les trois Tables qui fuivent, indiquent la maniere dont font faites ces trois fortes de touchaux.

E ij

TOUCHAUX

Qui servent à connoître le titre de l'or qui est allié avec de l'argent.

Le I est composé de 24 karats d'or, & de 0 karats d'argent.

2	. . . . .	23	. . . . .	I
3	. . . . .	22	. . . . .	2
4	. . . . .	21	. . . . .	3
5	. . . . .	20	. . . . .	4
6	. . . . .	19	. . . . .	5
7	. . . . .	18	. . . . .	6
8	. . . . .	17	. . . . .	7
9	. . . . .	16	. . . . .	8
10	. . . . .	15	. . . . .	9
11	. . . . .	14	. . . . .	10
12	. . . . .	13	. . . . .	11
13	. . . . .	12	. . . . .	12
14	. . . . .	11	. . . . .	13
15	. . . . .	10	. . . . .	14
16	. . . . .	9	. . . . .	15
17	. . . . .	8	. . . . .	16
18	. . . . .	7	. . . . .	17
19	. . . . .	6	. . . . .	18
20	. . . . .	5	. . . . .	19
21	. . . . .	4	. . . . .	20
22	. . . . .	3	. . . . .	21
23	. . . . .	2	. . . . .	22
24	. . . . .	I	. . . . .	23

TOUCHAUX

Qui servent à connoître le titre de l'or
qui est allié avec du cuivre.

Le I est composé de 2 4 karats d'or, & de O kar. de cuivre.

2	23	1
3	22	2
4	21	3
5	20	4
6	19	5
7	18	6
8	17	7
9	16	8
10	15	9
11	14	10
12	13	11
13	12	12
14	11	13
15	10	14
16	9	15
17	8	16
18	7	17
19	6	18
20	5	19
21	4	20
22	3	21
23	2	22
24	1	23

TOUCHAUX

Qui servent à connoître le titre de l'or qui est allié avec de l'argent & du cuivre.

Le I est composé de 2 4 kar. d'or, de ◯ kar. d'ar. & de ◯ kar. de cuivre.

or	argent	cuivre
2 23	. . $\frac{1}{2}$	. . $\frac{1}{2}$
3 22	. . I	. . I
4 21	. . I $\frac{1}{2}$	. . I $\frac{1}{2}$
5 20	. . 2	. . 2
6 19	. . 2 $\frac{1}{2}$	. . 2 $\frac{1}{2}$
7 18	. . 3	. . 3
8 17	. . 3 $\frac{1}{2}$	. . 3 $\frac{1}{2}$
9 16	. . 4	. . 4
10 15	. . 4 $\frac{1}{2}$	. . 4 $\frac{1}{2}$
11 14	. . 5	. . 5
12 13	. . 5 $\frac{1}{2}$	. . 5 $\frac{1}{2}$
13 12	. . 6	. . 6
14 11	. . 6 $\frac{1}{2}$	. . 6 $\frac{1}{2}$
15 10	. . 7	. . 7
16 9	. . 7 $\frac{1}{2}$	. . 7 $\frac{1}{2}$
17 8	. . 8	. . 8
18 7	. . 8 $\frac{1}{2}$	. . 8 $\frac{1}{2}$
19 6	. . 9	. . 9
20 5	. . 9 $\frac{1}{2}$	. . 9 $\frac{1}{2}$
21 4	. . 10	. . 10
22 3	. . 10 $\frac{1}{2}$	. . 10 $\frac{1}{2}$
23 2	. . 11	. . 11
24 1	. . 11 $\frac{1}{2}$	. . 11 $\frac{1}{2}$

Il y a deux fortes de touchaux qui fervent à connoître
le titre de l'argent. La premiere eft compofée de feize
touchaux, & elle fuit la divifion du poids de marc qui contient feize loths, ou demi-onces. Avec le fecours de ces
touchaux, on connoît combien
il y a de loths d'argent fin, &
de loths de cuivre dans un
marc d'argent allié.

La feconde fuite de tou-
chaux eft relative à la divifion
du marc en deniers de fin. Elle
fait connoître combien il y a de
deniers d'argent fin, & de deniers de cuivre dans une maffe
d'argent, quelconque, indé-
pendamment de fon poids. On
s'en fert principalement pour
connoître le titre des monnoies.

PREMIERE SUITE
DES TOUCHAUX
Qui servent pour l'argent.

Le I est composé de I 6 loths d'argent fin, & de O loths de cuivre.

2	. . . . .	15	. . . .	1
3	. . . . .	14	. . . .	2
4	. . . . .	13	. . . .	3
5	. . . .	12	. . . .	4
6	. . . . .	11	. . . .	5
7	. . . .	10	. . . .	6
8	. . . . .	9	. . . .	7
9	. . . .	8	. . . .	8
10	. . . . .	7	. . . .	9
11	. . . .	6	. . . .	10
12	. . . . .	5	. . . .	11
13	. . . .	4	. . . .	12
14	. . . . .	3	. . . .	13
15	. . . . .	2	. . . .	14
16	. . . . .	1	. . . .	15

SECONDE SUITE

DES TOUCHAUX

Qui servent pour l'argent.

Le 1 est composé de .... O den. 12 grains d'ar. fin, & de 11 den. 12 grains de cuivre.

	den.	grains d'ar. fin	den.	grains de cuivre
2	1	0	11	0
3	1	12	10	12
4	2	0	10	0
5	2	12	9	12
6	3	0	9	0
7	3	12	8	12
8	4	0	8	0
9	4	12	7	12
10	5	0	7	0
11	5	12	6	12
12	6	0	6	0
13	6	12	5	12
14	7	0	5	0
15	7	12	4	12
16	8	0	4	0
17	8	12	3	12
18	9	0	3	0
19	9	12	2	12
20	10	0	2	0
21	10	12	1	12
22	11	0	1	0
23	11	12	0	12
24	12	0	0	0

CHAPITRE XXII.

De la Pierre de Touche.

POur pouvoir faire usage des touchaux il faut avoir une bonne pierre de touche : la plus noire est toujours la meilleure. Lorsque cette pierre est couverte de beaucoup de traces qu'on y a faites en essayant des Métaux, on la frotte, pour la nettoyer, avec de la potée d'étain, & de la lessive de sel de tartre ; après quoi on l'essuye bien. Elle redevient par ce moyen aussi luisante qu'auparavant.

CHAPITRE XXIII.

Maniere de connoître le titre d'un métal ou d'une monnoie, & de diſtinguer l'or, l'argent & le cuivre, par le moyen d'une pierre de touche.

POUR connoître le titre de l'or ou de l'argent avec le ſecours d'une pierre de tou-che, il faut tracer ſur cette pierre une ligne bien ſenſible avec le métal que l'on veut eſſayer, puis tracer à côté des lignes avec pluſieurs touchaux. Celui dont la trace ſera la plus ſemblable à celle du métal dont le titre eſt inconnu, indiquera le titre de ce métal. Il ne faut pas cependant s'en rapporter à la ſimple inſpection, parcequ'il eſt poſſible de donner au cuivre la couleur de l'or ou de l'ar-

gent. Si le métal que l'on effaye eft de l'or ; pour s'affurer,
que ce n'eft point du cuivre
coloré, il n'y a qu'à paffer fur
la trace de ce métal une plume
trempée dans l'eau forte ; car
fi c'eft du cuivre la trace dif-
paroîtra , & au contraire elle ne
fera point altérée fi c'eft de
l'or. Si on foupçonne que l'argent que l'on effaye fur la pierre de touche, n'eft que du cuivre blanchi ; pour s'affurer de
la nature de ce métal, il faut
paffer fur la trace qu'on en a
faite un peu d'eau-régale ; parceque comme elle diffout tous
les métaux, excepté l'argent,
elle fera difparoître le trait
marqué fur la pierre de touche,
fi ce n'eft pas véritablement de
l'argent.

Après avoir indiqué les différens inftrumens néceffaires à
un Effayeur pour faire toutes

les opérations que ſon Art éxige, je vais paſſer à préſent au
détail de ces mêmes opérations.

CHAPITRE XXIV.

*Comment il faut apprêter le
fourneau d'eſſai lorſqu'on
veut s'en ſervir.*

IL faut d'abord poſer la ſe-
melle de la moufle ſur les
barres du fourneau ; puis il faut
placer deſſus la mouffle, &
l'y arrêter avec un peu de lut
que l'on met à ſon ouverture
dans la partie où elle touche
le fourneau. Vous le remplirez
enſuite avec des charbons de
la groſſeur d'un œuf de poule,
& vous l'allumerez.

Il faut avoir attention de
placer le fourneau de coupelle

dans un endroit sombre, ou de diminuer le jour du laboratoire, en fermant les rideaux des fenêtres, pendant qu'il est allumé. Par ce moyen on est mieux en état de connoître le dégré du feu, & de le gouverner.

CHAPITRE XXV.

Maniere de gouverner le feu du fourneau d'essai.

COMME le succès des opérations que l'on fait au fourneau de coupelle dépend toujours de la maniere dont on gouverne le feu, il est bon de donner ici quelques instructions à ce sujet.

1. Du charbon tendre & nouvellement fait, chauffe plus vivement que du charbon dur & compacte.

2. Plus un fourneau eſt large, plus ſes ouvertures ſont grandes, & plus il échauffe.

3. Quoiqu'un fourneau ſoit bien porportionné, ſi la mouffle eſt baſſe, mince, & trop échancrée, elle recevra trop de chaleur.

4. Si le fourneau eſt trop grand; pour diminuer l'activité du feu, il n'y a qu'à y mettre des mouffles plus grandes & peu échancrées.

5. Lorſqu'il pleut ou que le tems eſt humide, on ne peut pas donner au fourneau un dégré de chaleur auſſi vif que lorſque l'air eſt ſec.

6. Si on fait un autre feu auprès du fourneau d'eſſai, il diminuera la chaleur du fourneau.

7. Si on remplit le fourneau de trop petits charbons; n'ayant pas aſſés d'air, le feu s'étouf-

se alors. Il faut, comme je l'ai déja dit, que ces charbons soient à peu près de la grosseur d'un œuf de poule.

8. Si l'on veut chauffer vivement le fourneau d'essai il faut, 1°. le garnir de charbons d'une juste grosseur, 2°. mettre à l'entrée de la moufle un charbon ardent, 3°. ouvrir toutes les portes du fourneau ; enfin, nettoyer la moufle en en retirant les cendres & les petits charbons qui pourroient s'y trouver.

9. Pour diminuer l'ardeur du feu il n'y a qu'à, 1°. retirer le charbon qui est à l'entrée de la moufle , 2°. fermer une des portes inférieures.

10. L'Auteur ne fait que répéter ici , qu'il faut observer de placer le fourneau dans un lieu sombre, par la même raison qu'il en a déja donnée.

CHAPITRE

CHAPITRE XXVI.

Quelles font les marques qui indiquent le plus certainement quel eft actuellement le dégré de chaleur du fourneau d'effai.

ON apprend à connoître le dégré de chaleur du fourneau d'effai, bien mieux par l'habitude & la pratique, que par toutes les régles : mais du moins celles qui fuivent ne peuvent point induire en erreur ; elles feront même à ce que je crois de quelqu'utilité.

1°. Lorfqu'on veut fe fervir d'une coupelle, il faut d'abord la faire bien recuire, c'eft-à-dire, qu'il faut la faire rougir en la tenant dans la mouffle pendant une demie heure ou une heure avant que d'y mettre l'effai.

F

2°. Quand le plomb commence à travailler ou à circuler dans le test, & à fumer, il faut avoir soin de diminuer aussitôt la chaleur du fourneau.

3°. Quand un essai qu'on a mis dans une coupelle commence à affiner, il faut de même diminuer le feu, de crainte que s'il étoit trop violent, il ne fît jaillir hors de la coupelle quelques particules d'argent, sur-tout quand l'essai est riche.

4°. Quand un essai de mine travaille sur la coupelle, il faut observer avec soin, si l'on voit des fleurs nager à la surface du bain; car alors c'est une marque que la mine contient, ou du bismuth, ou de l'arsenic, ou du soufre, ou du mercure, ou de l'antimoine. Cette observation est d'autant plus utile, que la connoissance qu'elle nous donne de la nature de la mine, met le Fondeur en état de juger de la maniere dont il faudra qu'il la traite.

5°. Lorſque la fumée d'un eſſai qui eſt ſur la coupelle s'éleve fort haut, c'eſt une marque que la chaleur eſt trop vive; & au contraire il faudra l'augmenter ſi la fumée deſcend en ſortant de la coupelle.

6°. Si la matiere qui eſt ſur la coupelle commence à devenir luiſante, il faudra la chauffer plus vivement, de même que lorſqu'un eſſai affine trop lentement.

7°. Si l'endroit de la coupelle qui a imbibé le plomb paroît noir, c'eſt une marque certaine qu'elle n'a pas aſſés chaud.

8°. Lorſque l'eſſai eſt prêt à finir, & à faire voir les couleurs de l'*Iris*, il faut augmenter la chaleur, de peur que le bouton ne se charge d'une vapeur de plomb, qui le terniroit.

9°. Après que l'essai est passé, ou fini, il faut laisser encore quelques instans la coupelle dans le fourneau, & ne la faire refroidir que peu à peu & par dégrés. C'est le moyen que le bouton se détache facilement de sa coupelle.

CHAPITRE XXVII.

De la Mine d'argent.

QUOIQU'IL semble que pour suivre l'ordre de la nature je dûsse traiter d'abord des métaux imparfaits, je commencerai cependant par les métaux parfaits, parcequ'étant plus précieux, on desire de les connoître avec plus d'impatience que les autres. Je de-

vrois donc commencer par
l'or, fi je n'étois pas déterminé à mettre l'argent à la tête,
parceque c'eft le métal qui fe
trouve le plus abondamment
en Mifnie, lieu où ce traité a
été compofé.

Je fupprime ici ce que l'Auteur dit de la prétendue formation de la mine d'argent dans
les entrailles de la terre. Il
ne fait que rapporter le fyftê-
me des anciens, en admettant
l'influence des aftres. J'avertis
en même tems que je fuppri-
merai de même ce qu'il dit fur
la formation de chacun des autres métaux, par la même rai-
fon. Mais comme c'eft toujours le fujet du premier Chapitre de l'endroit où il traite
de ces métaux; afin de fuivre
le même ordre que mon Au-
teur, je conferverai le titre du
Chapitre en ajoutant enfui-

te que je supprime ce qu'il
contient.

CHAPITRE XXVIII.

Des principales espéces de Mine
d'argent.

LE *Gediegen-Ertz*, ou le *Ge-*
vachsen-Ertz, est la mine
d'argent vierge. Le métal qu'on
en sépare est pur ; on peut l'employer tel qu'il sort de la mine.

Le *Glats-Ertz*, ou la mine
vitrée, est une mine très-com-
pacte : elle est presque aussi riche que la précédente ; car elle
ne perd pas au feu plus d'un
sixiéme de son poids.

Le *Weissguldig-Ertz*, ou la
mine blanche riche, est une
mine très-riche : de-là lui vient
le nom qu'elle porte.

Le *Rothguldig-Ertz*, ou la
mine d'argent rouge, est une

mine d'argent qui eſt auſſi très-riche. Elle ne diffère de la derniere que par la couleur!; elle eſt quelquefois d'un rouge brun, & quelquefois d'un rouge de cinnabre.

Le *Horn-Ertz*, ou la mine cornée, eſt une mine d'argent riche qui eſt tranſparente comme de la corne.

Le *Glantz-Ertz*, ou la mine brillante. On diſtingue cette mine en mine à gros brillans, & mine à petits brillans.

Le *Katzen-Silber*, ou l'argent de chat, eſt un minéral qui ne tient rien. Il eſt blanchâtre & rempli de brillans.

Le *Ganſe-Kothig-Ertz*, ou la mine merde d'oye, eſt une mine d'argent qui porte ce nom, parcequ'elle reſſemble en effet aux excrémens de l'oye.

Le *Blende*, qui ſe nomme de même en François, eſt une

mine de couleur de plomb fort
brillante, mais qui contient
très-peu d'argent.

Le *Letten*, ou, le *Limon*, est
une espéce de pierre, ou plu-
tôt de terre onctueuse & te-
nace. Il y en a de plusieurs espéces qui different entr'elles par
la couleur. Il y en a de gris,
de jaunes, de blancs & de
noirs. La derniere espéce est
regardée comme la meilleure.

CHAPITRE XXIX.

*Maniere de connoître la quantité
d'argent contenue dans les
Mines faciles à fondre.*

SI la mine que vous vou-
lez essayer ne vous paroît
contenir ni pyrite, ni cobolt, ni
arsenic, ni antimoine, ni aucun
autre minéral difficile à fondre,
voici la maniere de la traiter.
Vous

Vous la réduirez d'abord en poudre, puis vous en peferez deux quintaux fictifs, chacun féparément. Vous mettrez chacun de ces deux quintaux de mine dans un teft avec huit quintaux de plomb granulé, & vous placerez ces deux tefts fous la mouffle du fourneau d'effai, qui doit avoir été auparavant bien chauffée. Vous poferez des charbons ardens à l'entrée de la mouffle, & vous ouvrirez la porte inférieure. Quand la mine commencera à s'élever & à travailler, vous diminuerez la chaleur en ôtant les charbons qui font à l'entrée de la mouffle, & en fermant la porte d'en-bas. Alors la mine s'imbibera peu-à-peu dans le plomb, & pour lors vous pourrez augmenter la chaleur. Vous agiterez enfuite la matiere avec

G

un crochet de fer rougi au feu,
pour voir si toute la mine est
bien fondue, & s'il ne reste
plus rien de grumeleux, & en
ce cas vous coulerez le tout;
puis lorsque la matiere sera refroidie, vous en séparerez les
scories, & vous arrondirez un
peu le culot de plomb, en le
battant sur un test, afin qu'il
soit plus facile de le placer dans
une coupelle. Vous aurez pour
lors une coupelle bien recuite
dans laquelle vous le mettrez;
aussi-tôt après vous placerez
des charbons à l'entrée de la
mouffle, & vous fermerez la
porte inférieure du fourneau,
jusqu'à ce que le plomb soit
découvert, & qu'il commence
à travailler; puis sur la fin de
l'opération, vous augmenterez
la chaleur. Vous trouverez sur
la coupelle un bouton d'argent
fin que vous peserez avec le

même poids de quintal fictif,
& vous connoîtrez par cette
opération la richeffe de la mine
que vous vouliez effayer.

REMARQUE.

Si vous avez employé à cet
effai du plomb qui contienne
de l'argent, comme il faut défalquer cette quantité d'argent
du poids du bouton, pour que
le réfultat de l'opération foit
exact, vous ferez paffer à la
coupelle huit quintaux de ce
même plomb, & vous mettrez
le bouton d'argent qu'il vous
aura fourni, du côté des poids
en pefant le bouton de l'effai.
Par ce moyen vous connoîtrez
exactement le produit de la
mine.

CHAPITRE XXX.

Table des quantités de Plomb qu'on doit ajouter aux différentes matieres qu'on essaye pour en séparer l'argent.

POUR un quintal de mine d'argent facile à fondre, il faut huit quintaux de plomb.

Pour un quintal de mine d'argent difficile à fondre, il en faut seize quintaux.

Pour un quintal d'étain, il en faut trente-deux quintaux.

Pour un quintal de pierre ou matte de cuivre, il en faut seize quintaux,

Pour un quintal de cuivre noir, il en faut de même seize quintaux.

Pour un quintal de cuivre facile ou difficile à fondre, il faut deux quintaux de plomb pour trouver le cuivre pur qu'il contient.

Pour un quintal de cuivre tenant du plomb, il en faut encore ajouter un quintal & demi pour féparer le cuivre pur.

Pour trouver l'argent contenu dans un quintal de fer ou d'acier, il faut lui ajouter feize quintaux de plomb.

Pour féparer l'argent contenu dans un quintal de métal de cloches, il faut y ajouter vingt quintaux de plomb.

Pour retirer l'or d'un quintal de mine d'or, il faut y ajouter feize quintaux de plomb.

CHAPITRE XXXI.

Maniere d'essayer les Mines d'argent difficiles à fondre.

VOus commencerez par les réduire en poudre, puis vous peserez séparément deux quintaux de cette poudre, & vous mêlerez chaque quintal de mine pulvérisée avec seize quintaux de plomb granulé ; puis ayant mis chacun de ces deux essais dans un test, vous les placerez tous les deux sous la mouffle d'un fourneau de coupelle bien allumé. Vous fermerez ensuite l'entrée de la mouffle avec des charbons ardens, & vous ouvrirez la porte inférieure du fourneau, afin de chauffer vivement la matiere, jusqu'à ce qu'elle commence à se gonfler & à travailler. Vous diminuerez alors la chaleur en

ôtant les charbons qui font à
l'entrée de la mouffle, & en fermant la porte inférieure Mais
fi à mefure que le plomb pénétre la mine, elle jettoit des
fcories à la furface du bain, il
faudroit ranimer la chaleur en
replaçant les charbons à l'entrée de la mouffle, & en r'ouvrant la porte d'en bas. Lorfque la mine vous paroîtra unie
au plomb, vous agiterez le mêlange avec un petit crochet de
fer rougi au feu ; puis l'opération étant finie, vous coulerez
la matiere fondue, & vous la
laifferez refroidir. Vous féparerez les fcories du culot de
métal que vous coupellerez,
comme je l'ai déja dit dans le
Chapitre XXIX, & vous trouverez un bouton d'argent que
vous peferez. Il vous fera connoître la richeffe ou la valeur
de la mine.

G iv

REMARQUE.

Pour faire cet effai avec exa-
Ctitude, il faut auffi coupeller
feize quintaux de plomb, &
fouftraire le poids du bouton
qu'ils fourniront, du poids du
bouton produit de l'effai. Vous
obferverez de même de faire
d'autres boutons de plomb,
toutes les fois que vous employerez de nouvelles grenailles, ou même différentes quantités du même plomb granulé,
parceque le plomb n'étant pas
toujours également riche, il
arrive fouvent qu'une quantité
de plomb eft plus ou moins riche, qu'une pareille quantité
du même plomb.

CHAPITRE XXXII.

Autre maniere d'essayer les Mines d'argent difficiles à fondre, lorsqu'on ne peut pas y réussir avec le seul secours du plomb.

ON trouve quelquefois des mines rebelles, que l'on ne peut pas scorifier avec le plomb seul. Voici la maniere de les traiter : Il faut d'abord peser séparément deux quintaux de la mine pulvérisée ; & ensuite vous mêlerez chacun de ces deux quintaux avec seize quintaux de plomb, & un quart de quintal du verre de plomb décrit au Chapitre VIII, n°. 1, & vous procéderez au reste de l'opération, comme il a été dit dans le Chapitre précédent.

REMARQUE.

Il est bon aussi d'examiner si le verre de plomb ne contient point d'argent, quoique cela ne me paroisse pas vraisemblable; cependant pour plus grande sûreté, il faudra faire scorifier ensemble dans un test seize quintaux de plomb, & un quart de quintal de verre de plomb; puis on coupellera le culot de plomb produit de cette opération, & on aura un bouton d'argent qui pourra servir lorsqu'on voudra faire de pareils essais.

Autre Procédé.

Il se trouve des mines difficiles à fondre qui s'attachent au fond du test comme une poix ou une résine. Pour essayer ces mines avec succès, il faut répandre sur le test un peu de poudre du *caput mortuum*, désigné dans le Chap. IX, au n°. 4. Par ce moyen vous fcorifierez cette mine parfaitement, & vous paſſerez à la coupelle, comme il a été dit ci-deſſus, le culot de plomb qu'elle vous fournira.

Autre Procédé.

'Il y a des mines qui après avoir été bien fcorifiées fur le teſt, ne laiſſent pas de donner encore des fcories lorfqu'on les paſſe à la coupelle, ce qui empêche d'en retirer facilement le bouton d'argent fin. Pour prévenir cet inconvénient, après avoir fcorifié une premiere fois cette mine comme à l'ordinaire, & après avoir féparé les fcories du culot de plomb, il faudra remettre ce culot de plomb dans un teſt, & le faire travailler de nouveau; en le paſſant enfuite à

la coupelle, il donnera un bouton d'argent beau & bien net.

REMARQUE.

Tous les essais dont je viens
de parler, aussi-bien que ceux
que je décrirai dans la suite,
doivent être fait doubles, afin
que l'un serve de preuve de
l'exactitude de l'autre.

CHAPITRE XXXIII.

*Maniere de connoître la quantité
d'argent contenue dans la
pierre ou matte de cuivre.*

CASSEZ un petit morceau
de la matte que vous vou-
lez essayer ; réduisez-la en poudre fine ; pesez ensuite un quintal fictif de cette poudre, que
vous mêlerez avec six quintaux
de plomb granulé, & vous procéderez, comme il a été dit

dans le Chap. XXXI au sujet
des mines difficiles à fondre.

CHAPITRE XXXIV.

*Maniere de faire le Lingot de
plusieurs culots de cuivre noir,
que l'on veut essayer à la fois.*

LORSQUE l'on veut faire
à la fois l'essai de plu-
sieurs culots de cuivre noir, il
faut d'abord faire un petit lingot qui contienne de chacun
de ces culots. Pour cet effet,
vous couperez des petits morceaux de la surface supérieure
& inférieure de chacun de ces
culots. Vous ferez fondre tous
ces morceaux dans un petit
creuset; & lorsqu'ils seront en
fonte, vous agiterez le tout
avec une baguette de bois,
afin que le mélange soit plus
exact, puis vous coulerez le

métal fondu dans une lingo-
tiere chauffée & graiſſée ; enfin vous laiſſerez refroidir le
lingot. Telle eſt la méthode
dont tous les Eſſayeurs ſe ſer-
vent ordinairement ; mais je la
trouve peu exacte, parcequ'en
ne prenant pas un poids égal
de chacune des matieres que
l'on veut eſſayer, qui toutes
ne ſont pas également riches,
le produit de l'eſſai doit ra-
rement être juſte ; au lieu que
ſi après avoir coupé des morceaux de chaque culot, vous
faites votre lingot avec demi-
once, par exemple, de chacun
de ces culots, en faiſant enſuite avec ſoin l'eſſai de ce lingot, vous aurez certainement
un produit juſte & exact.

CHAPITRE XXXV.

Maniere d'essayer ce Lingot de cuivre facile à fondre, pour en séparer l'argent.

LE lingot ayant été fait, comme je viens de le dire dans le Chapitre précédent, vous en casserez un morceau vers le milieu de sa longueur, vous le réduirez en poudre, & vous peserez séparément deux quintaux de cette poudre ; car il faut toujours faire les essais doubles, comme on vient de le dire, si on veut être sûr de leur exactitude. Ayant ensuite fait recuire deux coupelles dans le fourneau d'essai, vous mettrez sur chacune seize quintaux de plomb granulé, vous placerez des charbons ardens à l'entrée de la mouffle, & vous tiendrez la porte inférieure du fourneau ouverte, afin que le plomb se découvre plus promptement. Lorsqu'il sera bien découvert, & qu'il aura commencé à travailler, vous mettrez dans chaque coupelle un des deux quintaux de cuivre que vous avez pesé ; & lorsqu'il sera bien fondu & mélé avec le plomb, vous ôterez les charbons qui sont à l'entrée de la mouffle, & vous fermerez en partie la porte inférieure du fourneau ; car les essais de cuivre n'ont pas besoin d'une chaleur vive pour être bien faits. Quand le plomb aura diminué environ de la moitié, vous augmenterez la chaleur en ouvrant entiérement la porte inférieure ; & même vers la fin de l'essai, vous remettrez des charbons à l'entrée de la mouffle, afin que les boutons d'argent

soient

foient bien nets. Lorfque l'o-
pération fera finie, vous laifferez encore un moment les
coupelles dans le fourneau, &
vous les retirerez peu-à-peu.
Par ce moyen les boutons fe
détacheront facilement ; vous
les peferez l'un & l'autre. S'ils
font égaux, l'effai eft bien fait,
& il vous aura donné exactement la richeffe du cuivre ;
mais s'ils font d'inégale pefan-
teur, il faudra recommencer
cet effai.

CHAPITRE XXXVI.

Maniere d'effayer à la fois plu-
fieurs culots de cuivre noir
difficile à fondre, pour en fé-
parer l'argent.

VOus en ferez d'abord un
lingot comme il a été dit
dans le Chap. **XXXIV.** vous

peserez enfuite de même deux quintaux de cette matiere caffante réduite en poudre, & vous les mettrez chacun féparément dans un teft, que vous placerez fous la mouffle du fourneau d'effai bien allumé : lorfque la matiere aura été rouge pendant quelque tems vous ajouterez dans chacun de ces tefts quinze quintaux de plomb granulé, & lorfqu'il commencera à travailler vous diminuerez la chaleur du fourneau comme à l'ordinaire. Quand l'effai commencera a être fcorifié vous augmenterez le feu, puis vous agiterez la matiere avec un petit crochet de fer bien rougi au feu, & vous prendrez garde que le cuivre ne s'attache point au fond du teft. Enfin, vous le retirerez ; & lorfqu'il fera refroidi, vous le cafferez, & vous féparerez les fcories du culot de plomb, que vous coupellerez, comme il a été dit dans le Chapitre précédent.

Il ne faut pas oublier dans ces effais de faire toujours le témoin du plomb, c'eft-à-dire, le bouton de fin de la quantité de plomb que l'on a employée.

CHAPITRE XXXVII.

Maniere d'effayer le cuivre pur pour en féparer l'argent.

METTEZ d'abord feize quintaux de plomb dans une coupelle bien recuite ; & lorfqu'il fera découvert, vous y ajouterez un quintal du cuivre que vous voulez effayer. Dès qu'il fera fondu & mêlé avec le plomb, vous fermerez en partie la porte inférieure, &

vous ôterez les charbons que
vous aviez placés à l'entrée de
la mouffle pour faire découvrir
le plomb, & pour hâter la fonte du cuivre. Quand l'essai sera à moitié fait, vous augmenterez un peu la chaleur du
fourneau ; & quand il sera prêt
à passer vous animerez le feu
encore davantage, en obser-
vant ce qui a été dit à ce sujet
dans le Chap. XXXV.

CHAPITRE XXXVIII.

Maniere d'essayer l'étain pour en séparer l'argent.

POur essayer de l'étain qui contient de l'argent, vous peserez d'abord séparément deux demi quintaux de cet étain, & pour chaque demi quintal, vous peserez un quintal de cuivre pur, & seize quintaux de plomb granulé. Vous mettrez l'étain & le cuivre dans un test que vous placerez sous la mouffle; vous en fermerez l'entrée avec des charbons ardens, & vous ouvrirez la porte inférieure du fourneau. L'étain & le cuivre ayant été calcinés ensemble pendant quelque tems, à ce dégré de chaleur, vous y ajouterez le plomb; puis vous fermerez un peu la por-

te inférieure, & vous retirerez les charbons de l'entrée de
la mouffle. Le mélange ayant
commencé à se scorifier, vous
augmenterez la chaleur , &
vous le laisserez travailler : mais
si la scorification ne se faisoit
pas parfaitement par ce seul
moyen, il faudroit, pour la fa-
ciliter, répandre sur le test, à
deux reprises différentes, un
quintal de verre de plomb pulvérisé, c'est-à-dire, la moitié
d'un quintal à chaque fois :
puis ayant coulé la matiere,
vous en séparerez les scories ,
& vous coupellerez ensuite le
culot de plomb , qui vous rendra le fin contenu dans l'étain.

Autre Procédé.

Faites dissoudre de la litharge dans suffisante quantité de
vinaigre bien fort , & faites
évaporer à siccité cette disso-

lution. Réduifez en poudre le
réfidu, & mêlez-en une petite
quantité avec l'étain que vous
aurez auparavant fait calciner
dans un teft ; puis ajoutez-y les
feize quintaux de plomb : faites fcorifier le tout enfemble ;
coupellez enfuite le culot que
cette fcorification vous fournira, & vous aurez le fin contenu dans l'étain.

REMARQUE.

Il ne faut pas oublier de faire le témoin ou le bouton du
plomb ; & pour la premiere
opération, il faut la faire avec
feize quintaux de plomb & un
quintal de cuivre.

CHAPITRE XXXIX.

Essai du plomb pour en retirer l'argent.

FAITES recuire une coupelle, mettez-y ensuite un quintal de plomb, faites-le passer, & le bouton d'argent qui restera vous indiquera la richesse de ce plomb.

CHAPITRE XL.

Essai du fer ou de l'acier pour connoître l'argent qu'il contient.

MÉLEZ ensemble cinquante livres de fer ou d'acier réduit en limaille, & un quintal de soufre jaune. Mettez ce mélange à une chaleur assés douce, pour qu'elle fasse seulement

feulement fondre le foufre, de
maniere qu'il pénétre le fer.
Augmentez enfuite le feu pour
confumer tout le foufre : puis
vous réduirez en poudre le fer
réduit en crocus par cette
opération. Mettez enfuite feize
quintaux de plomb dans un teft;
& lorfqu'il fera découvert vous
y ajouterez le fer calciné &
pulvérifé, & un quintal de verre de plomb. Vous procéderez
comme il a déja été détaillé
dans plufieurs autres effais : &
après avoir défalqué le bouton
ou témoin du plomb, du bouton d'argent de l'effai, vous
connoîtrez la richeffe du fer ou
de l'acier que vous vouliez effayer.

CHAPITRE XLI.

Maniere d'essayer le mercure pour en séparer l'argent.

APRÉS avoir pesé le mercure, vous le mettrez dans une cornue de verre bien luttée, à laquelle vous adapterez un récipient, dans lequel vous aurez mis de l'eau, pour condenser en mercure les vapeurs qui y passeront pendant la distillation. Après cette opération, vous trouverez l'argent au fond de la cornue, & vous le passerez à la coupelle pour le peser ensuite.

CHAPITRE XLII.

Maniere d'essayer le métal de Cloches *pour connoître l'argent qu'il contient.*

Prenez un quintal de ce métal, faites-le rotir. sur un test, afin, dit l'Auteur, de le dépouiller de son soufre ; ensuite ajoutez-y peu à peu seize quintaux de plomb granulé, & un quintal de verre de plomb. (Vous mettrez cette derniere matiere en deux différentes fois.) Pendant la scorification, vous remuerez de tems en tems la matiere avec un petit crochet de fer, ayant soin, si vous y trouviez quelque matiere épaisse, ou grumeleuse, de la retirer avec ce crochet pour la pulvériser, & la remettre ensuite dans le test. Quand le mélange sera réduit en fonte bien claire, vous le coulerez pour en séparer le plomb tenant argent, que vous coupellerez à l'ordinaire.

CHAPITRE XLIII.

Maniere d'essayer la mine de bismuth pour en séparer l'argent.

FAITES scorifier un quintal de cette mine avec seize quintaux de plomb, & un quintal de verre de plomb, en la traitant comme les mines difficiles à fondre.

CHAPITRE XLIV.

*Maniere d'essayer la mine
d'antimoine pour connoître
sa richesse en argent.*

PRENEZ un quintal de cette
mine, réduite en morceaux
gros comme des grains de ché-
nevis ; & faites-là rotir doucement dans un test avec seize
quintaux de limaille de fer. Il
est nécessaire d'y ajouter du
fer, afin d'absorber plus exactement tout le soufre de l'antimoine, qui sans cette précaution ne s'uniroit jamais parfaitement au plomb. Lorsque
cette mine aura été ainsi bien
rotie, vous la scorifierez avec
huit quintaux de plomb ; puis
en coupellant le culot de ce
plomb, vous séparerez l'argent
contenu dans la mine.

I iij

CHAPITRE XLV.

Maniere d'essayer les sources d'eau bourbeuse pour en separer l'argent.

PRENEZ une quantité quelconque de l'eau trouble de ces sources, faites-la évaporer à siccité. Pesez ensuite un quintal du résidu que cette eau vous aura fourni, & faites-le scorifier sur un test avec huit quintaux de plomb granulé. Coupellez enfin ce plomb. Vous procéderez dans cet essai comme il a été dit au sujet des mines faciles à fondre.

CHAPITRE XLVI.

Manière d'essayer le Plomb d'œuvre, *ou le plomb tenant argent pour connoître sa richesse.*

SI le Fondeur, en coulant le plomb, ne vous en a pas mis à part de petites quantités, destinées pour les essais, vous en couperez des morceaux dans le milieu de la surface supérieure & inférieure des masses ou saumons que vous voulez essayer. Vous fondrez tous ces morceaux ensemble dans un test, & dès que ce plomb commencera à travailler, vous le remuerez, puis vous le coulerez : vous en peserez ensuite, suivant votre poids fictif de quintal, une quantité pareille à celle du

I iv

plomb que la fonte aura fourni ; & en faisant passer par la
coupelle à une chaleur modé-
rée cette petite quantité de
plomb, vous aurez un bouton
qui vous représentera en poids
fictifs la quantité totale de l'argent contenue dans toute la
masse du plomb.

CHAPITRE XLVII.

*Maniere de faire l'essai de l'œu-
vre de plomb quand on veut
coupeller tout le plomb de
plusieurs percées à la fois.*

IL faut garder séparément un
petit morceau de plomb
provenant de chacune des percées que l'on veut essayer à la
fois, & marquer dessus le poids
de tout le plomb de cette percée. Lorsque vous aurez plusieurs de ces percées dont vous

voudrez affinèr le plomb tout
enſemble, avant de faire cette opération, vous eſſayerez en
petit chacune de ces percées
ſéparément.Pour cet effet vous
peſerez de chaque petit morceau de plomb ſuivant le poids
fictif de quintal, une quantité
égale au poids réel de toute la
maſſe de cette percée de plomb,
& vous coupellerez chacu-
ne de ces petites quantités de
plomb ſéparément. Si l'eſſai a
été bien fait, vous trouverez
en affinant en grand le plomb
de toutes ces percées, une
quantité d'argent égale aux
produits de tous ces eſſais
particuliers additionnées enſemble.

Pour faire mieux compren-
dre le détail de cette opération, je vas en donner un exemple dans la table ſuivante. On
y verra le produit des eſſais en

petit de chacune des percées que l'on a faites dans le courant d'une femaine, & dont on veut affiner tout le plomb à la fois. Il feróit à fouhaiter que tous les Commis des fonderies tinffent un regiftre exact des opérations qu'on y fait, dans le même ordre que je vas le donner.

La neuviéme femaine du terme de la *Sainte Croix* (a) on a fait dans la mine de l'*efpérance de Dieu*, les fontes détaillées ci-après, dont la matiere a été tirée de la troifiéme & de la quatriéme.

(*a*) En Allemagne on divife l'année pour le travail des mines en quatre termes ou quartiers, qui portent le nom du jour auquel ils commencent : ces quatre termes font nommés, *Reminifcere*, la *Trinité*, la *Sainte Croix* & *Sainte Luce*.

La I fonte a donné 3 quint. 70 liv. de plomb qui a rendu d'arg. dans l'essai en petit. I marc I 2 loths

	quint.	liv.		marc		loths
2	4	40		2	.	13
3	5	9		I	.	4
4	4	5		I	.	8
5	6	3		I	.	2
6	5				.	15
7	3	5			.	13
8	4	15		I	.	10

Total du plomb 35 quint. 47 liv. qui ont fourni à l'essai I I m. I 3 loths d'arg.

Ainsi on voit clairement que l'affinage en grand du plomb de toutes ces fontes doit rendre réellement onze marcs treize loths d'argent fin, s'il est fait avec exactitude.

CHAPITRE XLVIII.

Maniere d'essayer l'argent affiné & l'argent raffiné pour en connoître le titre.

LORSQUE vous voulez essayer de l'argent affiné ou de l'argent raffiné, il faut enlever avec un ciseau demi-rond des morceaux de cet argent de la surface supérieure, & de la surface inférieure de la platine d'argent à essayer. Il faut prendre ces morceaux au milieu de l'espace qui est entre le centre & la circonférence de la platine. Vous réduirez ensuite ces morceaux en lamines minces en les battant sur un tas bien poli, puis vous peserez un demi marc du morceau d'argent qui a été pris de la surface supérieure de la platine & autant du

morceau qui a été coupé de la
partie oppofée de la même platine. Il faut que chacune de ces
deux quantités, féparément,
foit pefée affés jufte pour que
les deux enfemble ne faffent
précifément que le marc. Il
faut avoir pris toutes ces quantités doubles afin de pouvoir
faire deux effais fur cette même
matiere. Vous prendrez enfuite
pour chacun de ces deux effais
fept marcs de plomb granulé,
que vous mettrez dans une coupelle bien recuite ; & lorfqu'il
fera découvert vous y ajouterez l'argent enfermé dans un
petit cornet de papier : quand
l'argent fera intimément mêlé
avec le plomb, vous diminuerez un peu la chaleur du fourneau en fermant la porte inférieure, & en ôtant les charbons de devant l'entrée de la
mouffle : mais vous la ranime-

rez à mesure que l'essai s'avancera ; & enfin, vous le ferez
passer avec une chaleur plus
vive qu'à l'ordinaire, de crainte
que le bouton d'argent ne reste couvert d'un *sac* ou *voile de
plomb*, qui est nommé en Latin
Velamen, sive *saccum plumbi*.
Les essais étant finis, vous ne
retirerez les coupelles qu'au
bout de quelques instans, & fort
lentement, afin qu'elles refroi-
dissent peu à peu. Enfin, vous
détacherez les boutons; & les
ayant pesé l'un contre l'autre,
s'ils sont d'égale pesanteur,
vous serez sûr que l'essai est bien
fait ; & en ce cas vous peserez
un de ces boutons dont vous
écrirez le poids : sinon vous
répéterez ces essais jusqu'à ce
qu'ils vous ayent donné des
produits égaux.

Il y a de l'argent raffiné plus
riche, & il y en a de plus pau-

vre. Quelquefois il contient du plomb, d'autres fois il est allié de cuivre. Ce dernier est ordinairement plus fin que celui qui contient du plomb.

L'argent raffiné, lorsqu'il a été brûlé avec soin, doit contenir par marc quinze loths douze deniers d'argent fin.

Il est bon qu'un Controlleur de fonderies, soit instruit de ce que je viens de dire, afin que les autres ouvriers, comme le fondeur, l'affineur & le raffineur, ne puissent pas lui en imposer sur le produit, de leurs opérations ; car la quantité d'argent qui a été déclarée par l'Essayeur-Juré doit se retrouver après la fonte, l'affinage, & le raffinage en grand ; & s'il s'en manque quelque-chose, cette portion d'argent qui est de moins dans la masse, doit se retrouver dans la cendrée, dans les ſcories, ou dans la litharge.

CHAPITRE XLIX.

De la quantité de plomb qu'il faut ajouter à un marc d'argent pour connoître ſon titre.

POUR affiner un marc de monnoie depuis un juſqu'à neuf loths de fin, il faut y joindre vingt marcs de plomb. Cette quantité eſt ordinairement néceſſaire parcequ'il y a beaucoup de monnoies qui contiennent de l'étain, & qu'on ne peut le détruire ſans l'addition d'une grande quantité de plomb.

Pour affiner un marc de monnoie depuis dix juſqu'à douze loths de fin, il faut ſeize à dix-huit marcs de plomb.

Pour un marc d'argent affiné

ou

ou d'argent raffiné, il faut cinq marcs de plomb.

Pour un marc d'argent aurifere à treize loths de fin, il faut huit à neuf marcs de plomb.

Pour un marc d'argent de vaiſſelle à treize loths de fin, il faut ſept marcs de plomb.

Pour un marc d'argent aurifere, contenant quinze loths d'argent fin, il faut cinq marcs de plomb.

Pour un marc d'une monnoie d'Allemagne, nommée *Gulden-Groſchen* contenant quatorze loths d'argent fin, il faut ſept marcs de plomb.

Pour un marc d'or depuis douze juſqu'à quinze karats, ſoit en monnoie, en placques, ou en lingots, il faut cinq marcs de plomb.

L'Auteur ne faiſant à la fin de ce Chapitre que répéter ce qui eſt déja dit dans le Chapitre XXX. j'ai cru devoir le supprimer.

CHAPITRE L.

Maniere d'ôter à l'argent raffiné le Voile *ou* sac de plomb, *dont il est quelquefois couvert.*

FAITES fondre cet argent dans un creuset au fourneau à vent ; & lorsqu'il sera en fonte parfaite vous jetterez dessus une petite coupelle qui n'ait pas encore servi. Elle boira tout le plomb, & l'argent restera parfaitement pur.

CHAPITRE LI.

De la Mine d'or.

JE supprime ce qui est contenu dans ce Chapitre par
les raisons rapportées au Chap.
XXVII.

CHAPITRE LII.

En quels endroits l'Or se trouve ordinairement, & quel est le plus pur.

ON trouve de l'or dans le
sable des rivieres, dans
des endroits très-près de la surface de la terre, dans des lieux
marécageux, dans les fentes
des rochers, dans une espéce
d'ardoise, dans une terre argilleuse, enfin dans presque toutes
sortes de matieres minérales.

L'or qui se trouve dans le sable des rivieres est ordinairement le plus pur de tous ceux que je viens de citer. L'Auteur le suppose engendré dans l'eau, & purifié par le mouvement continuel de ce fluide.

L'or qui se trouve dans les lieux marécageux est moins pur ; sur-tout quand il est mêlé d'une matiere grise & noire, nommée en Allemand *Raum*. Cette matiere ne se sépare pas même de l'or dans la fusion ; elle contient ordinairement plus d'argent & de cuivre que d'or. Il y a aussi quelquefois dans le *Raum* des impuretés qui ternissent l'éclat de l'or, ce qui le fait croire d'un moindre titre qu'il ne l'est effectivement. Cet inconvénient cependant ne doit pas être regardé comme considérable, attendu qu'on peut rendre à l'or sa belle cou-

leur par une opération très-
facile.

L'or que l'on sépare des pyrites est mêlé de beaucoup d'impuretés. Ce n'est qu'à la longue
qu'il se forme, suivant l'Auteur,
& il faut employer l'action du
feu la plus vive pour l'en séparer.

L'or qui se trouve dans des
fillons, sans mélange de pyrites, est souvent pur & seulement attaché à la roche. Il
y en a aussi de mêlé avec un
limon. Enfin, on en trouve
beaucoup qui est joint à du
quartz.

CHAPITRE LIII.

Des différentes espéces de Mine d'or.

LE *Gediegen-Gold*, ou l'or vierge, se trouve ordinairement dans un quartz blanc; il est si pur qu'on peut le faire rougir au feu sans altérer sa couleur.

Le *Gelb-und blauer horn-stein*, ou la mine cornée jaune & bleue, est une pierre où l'or est quelquefois en molécules visibles; mais cela est très-rare.

On trouve de l'or en paillettes dans une terre argilleuse: on en trouve aussi dans des terres sabloneuses, de même que dans le sable des rivieres, comme on l'a dit ci-devant.

Il y en a aussi assés souvent dans plusieurs minéraux très-

difficiles à fondre, & dont l'é-
numération seroit trop longue.
Enfin, on en découvre quelquefois dans les matieres où
l'on soupçonneroit le moins
qu'il pût y en avoir.

CHAPITRE LIV.

Maniere d'essayer la Mine d'or.

VOus essayerez la mine
d'or facile à fondre de
même que la mine d'argent facile à fondre : c'est-à-dire, que
vous ajouterez à un quintal de
mine d'or huit quintaux de
plomb granulé, & un quintal de
verre de plomb, & vous procéderez comme il a été dit
dans le Chap. XXXI.

Autre procédé.

Vous prendrez un quintal
de la mine d'or que vous vou-

lez essayer, réduite en poudre fine, vous la mettrez dans un creuset d'essai avec un quintal de litharge rouge, un quintal d'antimoine, & vingt-cinq livres de limaille de fer, le tout bien mêlé ensemble & recouvert de l'épaisseur d'une paille de sel commun. Ayant placé ce creuset dans le fourneau à vent, vous l'échaufferez d'abord peu à peu; & ensuite, lorsque la matiere sera parfaitement fondue, vous y ajouterez seize quintaux de plomb: vous laisserez travailler le tout pendant une demie heure, & au bout de ce tems vous retirerez le creuset, vous frapperez à terre à côté de son pied pour faire rassembler le métal, & vous le laisserez refroidir de lui-même.

Quand il sera refroidi, vous le casserez pour en séparer le culot;

culot, que vous ferez fcorifier fur un teſt dans le fourneau d'eſſai ; puis vous le coulerez dans un cône, & après en avoir féparé les ſcories, vous le ferez paſſer dans une coupelle bien recuite à un dégré de chaleur modéré : lorſque l'eſſai ſera fini vous peſerez le bouton, & vous aurez la valeur de la mine.

Si c'eſt un ſable d'or que vous voulez eſſayer, prenez-en deux quintaux, que vous ferez bien rougir dans un creuſet pour le rotir, puis éteignez-le dans l'urine. Vous répéterez cette opération huit ou neuf fois, afin de dépouiller ce ſable de tout ſon ſoufre impur. Vous peſerez enſuite un quintal de cette matiere ainſi préparée, & vous la mêlerez avec trois quintaux du flux alcali, décrit dans le Chap. IX. n°. 6. & avec

huit livres de limaille de fer.
Vous mettrez ce mélange dans
un creuset d'essai , vous le couvrirez de l'épaisseur d'une paille de sel commun , & vous
chaufferez le creuset dans un
fourneau à vent.

Lorsque le mélange , quoique chauffé vivement, ne bouil-
lonnera plus du tout dans le
creuset, la fonte sera finie. Vous
retirerez le creuset & vous frapperez à côté pour faire rassembler le métal au fond ; & quand
il sera parfaitement refroidi
vous le casserez. Vous mettrez
ensuite seize quintaux de plomb
dans un test sous la mouffle ;
lorsqu'il sera découvert & qu'il
commencera à circuler , vous
y mettrez le culot retiré du
creuset , vous le ferez scorifier
à l'ordinaire , puis vous le coupellerez , & vous aurez le bouton d'or fin.

REMARQUE.

Si la premiere fonte de cet essai ne vous fournissoit point de culot de métal, il faudroit ajouter seize quintaux de plomb au mélange susdit, afin de séparer l'or qui alors s'imbibera dans ce plomb.

Au moyen des différens essais que je viens de décrire, vous pourrez essayer toutes les mines d'or, soit pyrites ou marcassites, comme aussi le *Schlich* d'or, c'est-à-dire la mine d'or pillée & lavée.

CHAPITRE LV.

*Maniere de connoître si le bouton
d'argent d'un essai est aurifere.*

POUR connoître si un bou-
ton d'argent est aurifere,
il faut le frotter sur une pierre
de touche assés fortement pour
qu'il y fasse un trait bien sensible ; puis vous passerez sur ce
trait une plume trempée dans
l'eau-forte : si le bouton ne
contient point d'or, toute la
trace disparoîtra au bout d'un
instant ; mais si elle subsiste encore en partie, c'est une preuve que l'argent est aurifere.

Autre moyen.

Faites une poudre comme il
suit : (c'est ce que les Orféves
appellent en François *Tire-poil*,
en Allemand elle se nomme

Coloritz.) Mêlez enfemble une demi-once de fel ammoniac, & deux gros de verd de gris. Le tout étant bien broyé & bien mêlé, réduifez-le en une pâte très-fluide comme de la bouillie, en l'humectant avec du vinaigre. Appliquez avec une petite plume un peu de ce mélange fur la trace faite avec le bouton d'argent fur la pierre de touche ; laiffez-le un moment fur ce trait, enlevez-le enfuite : fi le bouton contient de l'or la trace fera encore vifible, & au contraire fi ce n'eft que de l'argent elle aura diparu entiérement.

CHAPITRE LVI.

Maniere de faire le départ des boutons d'essai auriferes.

METTEZ un peu d'eau-forte dans un petit matras. Jettez-y le bouton que vous voulez départir, faites chauffer ce matras sur un peu de feu de charbons, l'argent se dissoudra, & l'or se précipitera sous la forme d'une poudre noire : vous continuerez de faire bouillir le menstrue encore quelques instans, vous décanterez ensuite l'eau - forte, & vous édulcorerez la chaux d'or avec de l'eau de riviere tiéde : vous la ferez ensuite sécher & même rougir dans un petit creuset d'or, puis vous la peserez. Vous connoîtrez par ce moyen combien un quintal de

la mine que vous avez essayée
contient d'or.

Il faut faire cet essai double
aussi bien que tous les autres ;
car s'il n'étoit pas juste, en
n'en faisant qu'un, on ne s'a-
percevroit pas de l'erreur.

CHAPITRE LVII.

*Maniere d'essayer le cuivre pour
en séparer l'or.*

POur cet effet il faut d'a-
bord essayer le cuivre comme il a été dit dans le Chapitre XXXVII. en donnant la
maniere d'en séparer l'argent ;
& si au lieu d'un bouton d'or.,
vous avez un bouton d'argent
aurifere, vous en ferez le départ comme je viens de le dire,
puis édulcorerez la chaux d'or
& la ferez rougir ; enfin vous
la peserez.

CHAPITRE LVIII.

*Maniere d'essayer le cuivre jaune
ou le laiton pour en separer l'or.*

COMME le laiton est com-
posé de cuivre rouge &
de pierre calaminaire, & que
cette derniere matiere est extrê-
mement rebelle, il faut procé-
der à cet essai d'une maniere
toute différente de la précédente. Il faut peser un marc de
laiton réduit en limaille fine,
& le faire dissoudre dans l'eau-
forte. La chaux d'or se précipitera ; vous l'édulcorerez &
la ferez recuire. Enfin, en
la pesant, vous connoîtrez la
richesse du laiton.

Il seroit impossible de faire cet essai par la scorification
sur le test ; parceque la pierre
calaminaire détruit toujours

quelque portion d'or ou d'argent , lorſqu'elle eſt fondue avec ces métaux.

CHAPITRE LIX.

Maniere d'eſſayer le plomb , l'étain, le fer & l'acier, pour en ſéparer l'or.

IL faut d'abord eſſayer ces métaux, comme pour en ſéparer l'argent, en opérant, comme il a été dit dans les Chapitres XXXVIII, XXXIX. & XL. Vous ferez enſuite le départ des boutons que ces eſſais vous fourniront , & vous connoitrez par ce moyen la quantité d'or contenue dans le métal que vous aurez eſſayé.

CHAPITRE LX.

Maniere d'essayer le mercure pour connoître la quantité d'or qu'il contient.

VOus peserez avec votre poids d'essai deux quintaux fictifs du mercure que vous voulez essayer : vous l'enfermerez dans une peau de chamois, que vous lierez fortement ; & en exprimant ce nouet, vous ferez passer le mercure coulant à travers les pores de cette peau ; vous ferez ensuite rotir dans un test sous la mouffle, ce qui sera resté dans le chamois, en augmentant le feu par dégré jusqu'au point de faire rougir la matiere contenue dans le test, afin que tout le mercure qui pourroit y être resté, acheve de se dissiper.

Vous prendrez ensuite un morceau de plomb pesant exactement deux quintaux, vous le battrez sur un tas pour le réduire en une feuille mince comme du papier, dans laquelle vous envelopperez la matiere calcinée après l'avoir laissé refroidir : vous mettrez le tout sur une coupelle bien recuite ; & l'ayant fait passer, le bouton qui vous restera contiendra l'or & l'argent du mercure unis ensemble ; vous pourrez les séparer l'un de l'autre par le moyen du départ : mais si ce bouton est si riche en or que l'eau forte ne puisse pas attaquer l'argent qu'il contient, vous le retirerez de dedans l'eau-forte; & après l'avoir édulcoré & séché , vous le ferez passer sur une coupelle dans une petite quantité de plomb , avec deux fois son poids d'argent fin :

vous le mettrez ensuite dans l'eau-forte, & pour lors tout l'argent qu'il contient sera facilement dissous. Après la dissolution totale de l'argent, vous édulcorerez le résidu, & vous le ferez rougir ou recuire comme il a été déja dit, puis vous le peserez. A l'égard du poids de l'argent contenu dans cette quantité de mercure, vous le connoîtrez facilement, puisque c'est tout l'argent dissous dans l'eau - forte, moins celui que vous avez ajouté au premier bouton en le passant à la coupelle.

REMARQUE.

Pour calculer exactement d'après cet essai la richesse du mercure, il faut que vous ayiez remarqué, 1°. combien vous en avez employé; 2°. combien il est resté de matiere dans le

chamois ; 3°. combien il s'eſt
évaporé de mercure ſur le teſt ;
4°. combien il s'eſt trouvé d'argent fin ; & enfin combien vous
en avez retiré d'or.

Mais comme il arrive ſou-
vent que le mercure, en paſſant par le chamois, entraîne
avec lui quelque portion d'or
& d'argent ; pour faire un eſſai qui ne laiſſe aucun ſcrupu-
le, il vaut mieux diſtiller le
mercure par une petite cornue,
& faire paſſer à la coupelle le
réſidu de la diſtillation, qui
n'eſt autre choſe que le métal
contenu dans le mercure,

CHAPITRE LXI.

De la Mine de cuivre.

JE supprime ce qui est contenu dans ce Chapitre par les
raisons rapportées au Chapitre
XXVII.

CHAPITRE LXII.

Des différentes Mines de cuivre.

LE *Gediegen-Kupffer*, ou
le cuivre vierge, est semblable au cuivre ordinaire par
rapport à sa couleur.

Le *Wasch - Kupffer*, ou le
cuivre de lotions, est aussi une
espéce de cuivre vierge : on le
sépare du sable des rivieres par
les lotions. On en trouve beaucoup en Bohême.

Le *Kupffer-Glass*, ou la mine

de cuivre vitrée, eſt une mine brune compacte & fort riche : elle ſe trouve dans une des galleries de la montagne, nommée *Bohlberge*, près de *Saint-Annaberg* en Miſnie.

Le *Grun-Kupffer-Ertz* , ou la mine de cuivre verte, eſt d'une belle couleur verte.

Le *Kupffer-Lazur*, ou l'azur de cuivre, eſt une mine de cuivre verte & bleue.

Le *Schiefer*, ou l'ardoiſe, eſt une mine de cuivre noirâtre avec des points blancs, qui ne contient ordinairement que quatre livres de cuivre par quintal.

Les *Gelbe-Kieſigte-Kupffer-Ertze*, ou les mines de cuivre pyriteuſes jaunes, reſſemblent à du laiton, & contiennent ſouvent des effloreſcences vertes & bleues.

En général, les mines de cui-

vre font plus faciles à connoître à la feule infpection que
les autres. On peut diftinguer
aifément, avant de les fondre, fi
elles font riches ou pauvres,
faciles ou difficiles à fondre;
ce qui eft d'une très - grande
utilité.

CHAPITRE LXIII.

Maniere d'effayer les Mines de
cuivre faciles à fondre, pour
en féparer le cuivre qu'elles
contiennent.

ON doit regarder comme
faciles à fondre toutes les
mines de cuivre, quand elles
ne font jointes ni à des pyrites,
ni à du cobolt, & lorfqu'elles
ne contiennent ni du blende,
ni aucune matiere arfénicale.
Pour effayer une mine de cuivre de cette nature, pefez féparément

parément deux quintaux de cette mine réduite en poudre, & mettez-les chacun dans un teſt, pour les rotir pendant une demi - heure , ou juſqu'à ce que tout le ſoufre en ſoit diſ-ſipé ; ce que vous connoîtrez facilement lorſque la mine ne répandra plus d'odeur ſulfureuſe. (Vous remarquerez que les mines nommées *Kupffer-Glaſs,* ou *Kupffer-Laʒur* n'ont pas beſoin d'être roties.) La mine étant parfaitement calcinée , vous la laiſſerez refroidir , puis vous la peſerez , afin de ſçavoir poſitivement combien elle a perdu pendant cette premiere opération : vous la mêlerez enſuite bien exactement avec trois quintaux du flux noir, décrit dans le Chapitre IX, nº. 1. & vous mettrez ce mélange dans un creuſet d'eſſai. Vous répandrez ſur ſa ſurface l'épaiſ-

M

seur d'une paille de sel commun, & ayant posé le couvercle sur le creuset, vous le placerez dans un fourneau à soufflet : vous le chaufferez ensuite doucement, & en augmentant le feu peu à peu jusqu'à ce que le flux commence à bouillonner ; alors vous soufflerez fortement pendant un quart d'heure, & l'essai sera fait. Vous retirerez le creuset, vous frapperez ensuite à terre à côté de son pied, afin que le métal se rassemble à sa partie inférieure ; & lorsqu'il sera refroidi vous le casserez, pour en retirer le culot. Ayez soin d'observer la couleur des scories : si elles sont également brunes par-tout, le feu a été bien conduit ; mais si elles sont rouges, c'est une marque que le feu à été trop vif. Vous ferez ensuite le second essai, qui servira de

preuve au premier, si les ré-
sultats sont égaux ; & en ce cas
vous peserez l'un des deux boutons, & vous marquerez son
poids.

REMARQUE.

Lorsque la mine de cuivre
n'a pas le brillant de l'or,
c'est une marque qu'elle ne
contient point de soufre, &
alors elle n'a pas besoin d'être
rotie.

CHAPITRE LXIV.

*Maniere de séparer par l'essai le
métal contenu dans une mine
de cuivre difficile à fondre.*

LE s mines de cuivre difficiles à fondre, sont celles
qui sont jointes à quelque matiere arsénicale, ou à du cobolt, ou à du blende, ou à des

pyrites. Voici la maniere de les essayer :

Pesez deux quintaux de cette mine , cassez - la en morceaux , gros comme des pois : mettez-la sur un test dans le fourneau de coupelle , qui ne doit pas être d'un rouge bien clair , mais seulement d'un rouge brun & obscur ; ou bien, si la chaleur est trop forte, vous la diminuerez , en fermant la porte inférieure , & en mettant un gros charbon noir à l'entrée de la mouffle. Vous ferez rougir la mine doucement à ce dégré de chaleur , vous la retirerez ensuite, & lorsqu'elle sera refroidie , vous la casserez en morceaux plus petits pour la faire rotir de nouveau, en la remuant avec un petit crochet de fer , de crainte qu'elle ne se gruméle : puis vous la retirerez , vous la pulvériserez , &

vous la ferez encore rotir en l'a-
gitant continuellement. Vous
répéterez ces opérations jufqu'à ce que la mine ne fente
plus le foufre. En dernier lieu
vous la réduirez en poudre
fine, & vous la ferez rotir avec
une châleur affés vive en ouvrant la porte inférieure. Enfin, vous la broyerez pour rendre cette poudre la plus fubtile qu'il eft poffible ; après quoi
vous peferez la moitié de cette poudre, que vous mêlerez
avec trois parties de flux noir,
qui doit contenir le fixiéme de
fon poids de fel de verre de Venife : vous mettrez le tout dans
un creufet, & vous couvrirez
la furface du mélange d'un peu
de fel commun, comme dans
l'effai précédent. Vous couvrirez le creufet de peur qu'il
n'y tombe des charbons, &
vous chaufferez beaucoup plus

vivement que pour l'essai des mines faciles à fondre. Après une demi - heure de grand feu, en soufflant continuellement, vous pourrez retirer le creuset pour le laisser refroidir, & le casser ensuite : vous trouverez au fond un culot de cuivre noir, que vous essayerez pour en séparer le cuivre pur ; car les mines de cuivre difficiles à fondre, ne rendent jamais du cuivre pur à la premiere opération, comme les mines faciles à fondre. Il y a cependant des mines difficiles à fondre, qui rendent souvent du cuivre plus beau les unes que les autres. Vous peserez le bouton ou petit culot, produit de votre essai, & vous connoîtrez combien un quintal de cette mine contient de cuivre noir.

Si ce premier essai ne réussissoit pas, vous auriez recours

à l'autre portion de mine rotie
reſtante, dont vous feriez l'eſſai
comme nous venons de le
dire, & vous connoîtriez par
ce moyen la valeur de la mine :
ou bien, il faudroit rotir davantage la mine de ce ſecond eſſai,
ce qui eſt peut-être une peine
inutile.

REMARQUE.

Cet eſſai, & généralement
tous ceux que l'on fait ordinairement dans un fourneau à
ſoufflet, ſe font également bien
dans un fourneau à vent, &
dans le même eſpace de tems,
pourvû que le fourneau ſoit
bien conſtruit. Je préfére même ce dernier, parceque le
courant d'air qui anime le feu
étant toujours le même, le feu
en eſt plus égal. Et comme un
Eſſayeur qui voyage, n'eſt pas
toujours à portée d'avoir un

fourneau à soufflet, je vais décrire la maniere de construire un bon fourneau à vent.

CHAPITRE LXV.

Maniere de construire un bon fourneau à vent.

POUR construire un fourneau qui s'allume promptement par le seul secours de l'air, il faut lui donner dans l'intérieur dix-neuf pouces en quarré. La porte du cendrier doit être de six pouces de large sur quatre de haut, & la hauteur totale du cendrier, c'est-à-dire l'espace qui est entre la grille & la base du fourneau, sera de dix-huit pouces. Il faut que la grille soit assés serrée pour que des charbons de la grosseur d'une noix ne puissent pas passer entre les barreaux;

reaux. La hauteur depuis la grille jufques au haut du fourneau doit être auffi d'environ dix-huit pouces. Au refte, elle doit toujours être proportionnée à la grandeur des creufets dont on veut fe fervir. Lorfqu'on veut augmenter beaucoup la violence du feu, il faut mettre fur le fourneau un couvercle percé au milieu : par ce moyen la flamme n'ayant qu'une iffue fort étroite , la chaleur fe raffemble au point qu'on peut avec ce fecours fondre les matieres les plus rebelles.

N

CHAPITRE LXVI.

Maniere d'essayer la Mine de cuivre pour en faire la matte ou pierre de cuivre.

PEsez un quintal de la mine réduite en poudre & non rotie, mêlez-la avec trois quintaux de flux noir. Ayant mis ce mélange dans un creuset, couvrez-le de l'épaisseur d'une paille de sel commun; placez ensuite le creuset dans un fourneau de fonte, & faites l'opération, comme si vous essayiez une mine de cuivre difficile à fondre, & vous trouverez au fond du creuset la matte ou pierre de cuivre rassemblée en culot.

Autre Procédé.

Prenez quatre onces de ni-

tre , une once de favon de Venife , ou à fon défaut du favon
commun, & une once de verre réduit en poudre fine : mêlez
bien le tout enfemble pour en
former une pâte liquide qui
vous fervira de flux. Vous en
mêlerez trois quintaux avec un
quintal de mine de cuivre non
rotie. Vous tiendrez ce mélange à un bon feu pendant un
quart d'heure dans un fourneau
à foufflet ou à vent ; & au bout
de ce tems la matiere étant
fondue , la matte fe raffemblera en culot au fond du
creufet.

CHAPITRE LXVII.

Maniere d'essayer la pierre, ou matte de cuivre, pour en separer le cuivre noir.

POUR essayer la matte de cuivre vous la réduirez en poudre fine dont vous peserez deux quintaux, que vous ferez rotir comme il a été dit dans le Chapitre **LXIV**, au sujet de la mine de cuivre. Vous diviserez ensuite cette matte rotie en deux parties égales, & vous remarquerez combien elle aura perdu à la calcination : vous mêlerez ensuite l'une de ces deux portions de matte rotie avec trois quintaux de flux noir; puis ayant mis ce mélange dans un creuset, vous le couvrirez de sel commun, & vous ferez fondre le tout dans un fourneau à vent ou à foufflet, en le chauffant pendant un quart d'heure, comme fi vous effayiez une mine de cuivre facile à fondre, & vous aurez un culot de cuivre noir, que vous peferez. Vous connoîtrez par là combien cette matte contient de cuivre non purifié.

CHAPITRE LXVIII.

Maniere d'effayer le cuivre noir pour en féparer le cuivre pur.

PRENEZ un teft, frottez-le bien en dedans avec de la litharge : mettez-y un quintal du cuivre noir que vous voulez effayer, & deux quintaux de plomb granulé. Faites fondre le tout enfemble à une chaleur vive. Soufflez enfuite à petits coups fur le bain avec un foufflet à main, afin de faire évaporer tout le plomb , & aussitôt que le cuivre aura fait voir cet éclair verd qu'il donne à la fin de l'essai , vous retirerez le test , & vous ôterez le bouton de cuivre qui est dedans , pour l'éteindre sur le champ dans l'eau : sans ces précautions le feu bruleroit un peu de cuivre , & par conséquent diminueroit le poids du bouton. Vous ferez deux essais semblables du même cuivre noir , & vous comparerez ensemble les boutons qu'ils vous auront fournis : s'ils pesent également, c'est une marque que l'essai est bien fait, sinon il faudra le recommencer pour connoître la valeur de ce cuivre par le poids exact du bouton , qu'un essai bien fait vous aura rendu.

Autre Procédé.

FACHSE veut que l'on faſſe quatre eſſais du même cuivre noir, d'un quintal chacun, & que l'on peſe chaque bouton produit de ces eſſais. Puis il fait additionner les poids des quatre boutons pour faire la régle de trois ſuivante ; ſi quatre quintaux de cuivre noir ont rendu en tout deux cens quarante-ſix livres, par exemple, de cuivre pur, combien en fournira un quintal du même cuivre noir. Je laiſſe à juger aux Eſſayeurs ſi cette méthode eſt préférable ; pour moi j'en fais peu de cas : cependant, je conviens qu'il faut faire plus d'eſſais du cuivre noir que d'aucune autre matiere, parceque les eſſais ſe faiſant en petite quantité, & le cuivre noir rendant très-peu de cuivre pur,

pour peu qu'on perde de matiere pendant la calcination,
cela peut faire une différence
sensible sur le produit.

CHAPITRE LXIX.

Maniere d'essayer le cuivre noir
tenant du plomb, pour en
séparer le cuivre pur.

ON trouve souvent du cui-
vre noir qui contient
beaucoup de plomb. Voici la
maniere de l'essayer :

Prenez un quintal de ce cuivre, mettez - le dans un test
bien frotté de litharge, avec un
quintal & demi de plomb granulé, & procédez à l'opération
comme je viens de le dire ;
vous verrez paroître l'iris du
cuivre à la fin de l'essai.

Autre Procédé.

Prenez un quintal de ce cuivre noir tenant du plomb : (je ſuppoſe qu'il contient à peu près la moitié de ſon poids en plomb) ajoutez-y quatre quintaux de cuivre pur , & ſix quintaux de litharge. Faites ſcorifier ce mélange dans un teſt au fourneau d'eſſai , puis faites évaporer le plomb ; & après avoir peſé le bouton , défalquez de ſon poids les quatre quintaux de cuivre pur que vous avez ajoutés à l'eſſai , le ſurplus ſera le véritable poids du cuivre pur , provenant du cuivre noir eſſayé.

Autre Procédé.

Prenez un quintal de ce cuivre tenant du plomb , faites-le bien ſcorifier dans un teſt au fourneau d'eſſai ; puis, après

avoir séparé les scories du culot , faites-le passer dans un
autre test , & vous aurez sa valeur.

CHAPITRE LXX.

*Maniere d'essayer le cuivre mêlé
avec du fer ou avec de la
fonte de cloches , pour en séparer le cuivre pur.*

METTEZ dans un test un
quintal de ce cuivre avec
un quintal de litharge & deux
quintaux de plomb. Placez ce
test dans le fourneau d'essai, &
donnez-lui au commencement
une chaleur vive. Si ce cuivre
étoit mêlé avec des matieres
rebelles , qui parussent à la surface du bain , il faudroit les enlever avec un charbon ardent;
& en y ajoutant ensuite un peu

de borax, on le feroit paſſer
parfaitement bien.

Ces eſſais pour trouver le
cuivre pur ſont très-déſagréa-
bles à faire ; parceque les yeux
ſouffrent beaucoup, quand on
les fixe long-tems ſur le bouton de cuivre : auſſi n'eſt-ce
pas à l'Eſſayeur à faire ces eſſais, mais c'eſt l'ouvrage des
Chefs-fondeurs.

Pour bien gouverner le feu
dans les eſſais par le moyen
deſquels on veut connoître la
quantité de cuivre pur contenue dans une matiere à eſſayer,
il faut avoir ſoin de fermer la
porte inférieure du fourneau
auſſitôt que la matiere à commencé à circuler, & elle doit
reſter fermée pendant tout le
tems de l'eſſai, c'eſt-à-dire, juſqu'à ce que le cuivre vous ait
fait voir les couleurs de l'iris :
alors il faut retirer prompte-

ment le teſt, ſans quoi le feu détruiſant un peu de cuivre, l'eſſai ſeroit faux.

CHAPITRE LXXI.

S'il y a beaucoup d'Eſſayeurs qui ſçachent faire l'eſſai du cuivre pur.

A Moins que les Eſſayeurs ne ſçachent parfaitement bien la manipulation néceſſaire pour les eſſais du cuivre pur, ils ne réuſſiront jamais à les faire avec exactitude. Une perſonne d'un rang diſtingué m'a dit qu'il n'y avoit que deux Eſſayeurs dans tous les Etats de l'Electeur de Saxe, qui fuſſent en état de faire ces eſſais avec juſteſſe. J'ai fait en préſence de cette même perſonne un eſſai de cette nature, & ſans vouloir me vanter, je puis aſſurer qu'il m'a parfaitement réuſſi. Mais la maniere de le faire eſt un ſecret que je ne veux pas rendre public. J'avertirai ſeulement que la plupart des Eſſayeurs, par le réſultat qu'ils donnent d'un eſſai faux, portent un très-grand préjudice aux intéreſſés des mines de cuivre.

CHAPITRE LXXII.

De la Mine de Plomb.

JE ſupprime ce qui eſt contenu dans ce Chapitre, par les raiſons rapportées au Chapitre XXVII.

CHAPITRE LXXIII.

Des différentes Mines de Plomb.

LE *Grobglantzig-Ertz*, ou la mine à gros brillans, est de la même couleur que le Plomb. Elle est pesante & composée de grains fort gros qui jettent beaucoup d'éclat.

Le *Klein-Spießig-Ertz*, ou la mine à petits brillans, ne différe de la premiere qu'en ce que les grains dont elle est composée sont beaucoup plus petits. Elle est semblable à la mine du fer cassé.

Le *Weiß Bley-Ertz*, ou la mine de plomb blanche, est une mine pesante & souvent transparente. Elle se fond, & le plomb s'en réduit à la flamme de la chandelle.

Le *Grun Bley-Ertz*, ou la

mine de plomb verte, eſt d'une belle couleur de verd de prés. On la trouve ordinairement en petits globules.

Le *Roth Bley-Ertz*, ou la mine de plomb rouge, eſt parfaitement ſemblable à une argile rouge.

Le *Braun Bley-Ertz*, ou la mine de plomb brune, eſt en quelque façon ſemblable à la mine d'argent rouge.

Le *Bleyſchweiff*, eſt un minéral jaunâtre rempli de ſoufre mêlé avec du ſpath.

La mine d'antimoine eſt d'une couleur griſe. Elle eſt peſante, & compoſée d'aiguilles longues & brillantes.

La mine de biſmuth eſt d'un brillant blanchâtre, & elle eſt fort peſante. Schindler ajoute ici que ces deux dernieres mines appartiennent à la claſſe des mines de plomb.

En général, toutes ces mines sont faciles à fondre, à moins qu'elles ne soient mêlées avec du cobolt, des pyrites, du blende ou du spath de fusion difficile, & alors elles sont appellées *mines de plomb rebelles*.

CHAPITRE LXXIV.

Maniere d'essayer les Mines de plomb faciles à fondre, pour en séparer le plomb.

POUR essayer une mine de plomb facile à fondre, il faut la réduire en poudre, & mêler un quintal de cette poudre avec deux quintaux de flux noir, un peu de sel de verre, & vingt-cinq livres de limaille de fer bien fine. Vous mettrez ce mélange dans un creuset, & vous le couvrirez d'un peu

de

de fel commun, puis vous le traiterez comme l'effai de la mine de cuivre, en le chauffant pendant un quart d'heure pour le fondre. Il faut y ajouter de la limaille de fer, parceque la mine de plomb contient toujours du foufre, qui fans cette addition détruiroit un peu de métal. Vous obferverez d'employer de la limaille bien nette & non rouillée.

CHAPITRE LXXV.

Maniere d'effayer les Mines de plomb difficiles à fondre, pour en féparer le plomb.

LORSQUE la mine de plomb eft mêlée de pyrites, de blende, ou de quelqu'autre matiere qui la rende rébelle, voici la maniere de l'effayer,

Caffez cette mine en morceaux à peu près de la grofseur d'une lentille, pesez-en deux quintaux, que vous ferez rôtir sur un test dans le fourneau d'essai; puis, laissez refroidir cette mine pour la pulvériser & la faire rotir de nouveau, ayant soin de ne lui donner qu'une chaleur douce, de peur de la faire fondre. Lorsqu'elle aura cessé de fumer & de répandre une odeur de soufre, vous la partagerez en deux parties égales, & vous ajouterez à l'une de ces deux portions de mine rotie, trois quintaux du flux noir susdit; puis, ayant mis le mêlange dans le creuset, & l'ayant couvert de sel commun, vous procéderez comme dans l'opération précédente. Il n'est pas nécessaire d'ajouter de limaille de fer dans cet essai, parceque le soufre de la mine en a été chassé par la calcination.

CHAPITRE LXXVI.

Maniere d'essayer la Mine d'antimoine, pour en séparer le minéral qu'elle contient.

PRENEZ deux petits pots qui résistent au feu , ou deux creusets ; faites au fond de l'un de ces pots , ou creusets, des trous du diamétre d'un pois ; enterrez dans le sable ou dans la terre jusqu'au bord le pot dont le fond n'est point percé ; mettez dans l'autre pot une livre de la mine cassée en morceaux de la grosseur d'une noisette ; emboëtez ensuite exactement la partie inférieure de ce pot , dans le haut de celui qui est enterré dans le sable , & luttez avec soin les jointures. Arrangez après cela des briques tout autour de ces pots à quelque diſtance, cependant, de maniere qu'elles forment un fourneau quarré ; empliſſez-le de charbons noirs, & mettez pardeſſus quelques charbons ardens. Le feu deſcendra peu à peu, à meſure que le charbon s'allumera, & il fera fondre l'antimoine qui tombera dans le pot inférieur, où il ſe refroidira. Si la quantité de charbon que vous y avez miſe la premiere fois ne ſuffit pas pour faire fondre tout l'antimoine, vous y en mettrez une ſeconde fois ; & lorſque les vaiſſeaux ſeront refroidis, vous verrez combien une livre de cette mine fournit d'antimoine pur.

CHAPITRE LXXVII.

Maniere d'essayer la Mine de bismuth, pour en séparer le bismuth.

RÉDUISEZ cette mine en poudre, & mêlez-en un quintal avec deux quintaux de flux noir. Mettez ce mélange dans un creuset, & couvrez-le de l'épaisseur d'une paille de sel commun ; puis faites-le fondre dans un fourneau à soufflet ou à vent, comme vous avez fait pour la mine de plomb facile à fondre, & vous trouverez un culot semblable à un culot de plomb. Pesez ce culot, & vous connoîtrez la valeur de la mine.

CHAPITRE LXXVIII.

De la Mine d'étain.

JE supprime ce qui est contenu dans ce Chapitre par les raisons rapportées au Chapitre XXVII.

CHAPITRE LXXIX.

Des différentes Mines d'étain.

LE *Zien-Graupen* est une mine d'étain noirâtre avec des facettes polies, comme si elles l'avoient été sur une pierre. Les autres espéces de mine d'étain sont difficiles à connoître à cause des matieres hétérogènes avec lesquelles elles sont mêlées. Il y en a douze espéces principales.

1. *Le Schurl.*

C'eſt un minéral noir ſemblable à la mine d'étain. Il eſt quelquefois facile à fondre, & aſſés léger pour nager ſur l'eau; mais ſouvent il eſt peſant & compacte, de maniere qu'il ne peut être ſéparé de la mine d'étain à laquelle il eſt joint par la calcination, & il diminue toujours un peu la quantité de l'étain que la mine devroit rendre, parcequ'il en détruit une portion dans le feu. Ce minéral donne beaucoup de ſcories, & il rend l'étain dur, aigre, & rempli de taches blanches.

2. *Le Wolffrumb.*

Le *Wolffrumb*, *Wolffram*, *Wolffs - Schaum*, ou *Wolffs-Haar*, le poil de loup, eſt un minéral ainſi nommé parcequ'il est noir & strié. Il est facile à fondre, & on le sépare aisément de la mine d'étain par les lotions. A l'égard de celui qui est à gros grain & pointu, il faut l'enlever par le secours du feu, sans quoi l'étain perdroit son éclat.

3. *Spiess-Glass* ou *la Pyrite à poison.*

Ce minéral est presque semblable au Wolffram ; il est très-dangereux, car il contient beaucoup de poison. On peut le chasser par le feu, ainsi on le sépare de la mine d'étain par la calcination. La fumée qu'il répand alors, fait périr l'herbe & fait tomber les feuilles des arbres.

4. *Eisenmahl.*

Le minéral ainsi nommé contient du fer. Il est jaune, rouge,

ge, ou quelquefois noirâtre. Lorſqu'il a cette derniere couleur, il reſſemble ſi bien à la mine de fer de ce nom, que l'on peut facilement s'y tromper. Quand il eſt broyé & lavé, il devient rouge, & c'eſt à cette couleur qu'il communique à l'eau dans les lotions, que l'on reconnoît que la mine d'étain eſt mêlée d'*eiſenmahl*. On fait évaporer ce minéral en calcinant la mine d'étain, autrement l'étain ſeroit difficile à fondre, & rempli de taches.

5. *La Pyrite blanche & griſe.*

Cette Pyrite, ſurtout lorſqu'elle eſt cuivreuſe, dérobe un peu d'étain dans la fonte, & elle rend ce métal caſſant & griſâtre ; c'eſt pourquoi il faut tâcher de détruire cette pyrite auſſi parfaitement qu'il

P

est possible, en rotissant la mine d'étain, & l'agitant continuellement jusqu'à ce qu'elle ne donne plus de fumée.

6. *Le Spath.*

Il y en a de rouge, de blanc & de jaune. Lorsqu'il est léger, on peut le séparer par les lotions de la mine à laquelle il est joint ; mais lorsqu'il est lourd, on ne peut pas y réussir par ce moyen. On ne peut pas non plus le chasser par la calcination sans perdre du métal ; mais du moins, quoiqu'il en détruise une portion, & quoiqu'il donne beaucoup de scories à la fonte, il ne rend l'étain, ni aigre, ni difficile à fondre.

7. *Le Wissmuth* ou *Bismuth.*

Ce minéral est facile à fondre. Il se mêle très-aisément

avec l'étain, & il le rend aigre & difforme.

·8. *Le Glaſskopff.*

Il y en a de facile à fondre & de difficile à fondre. Le premier peut être facilement séparé de la mine par les lotions, & l'autre peut être rendu traitable par la calcination.

9. *Le Miſſpickel.*

Le *Miſſpickel* ou *Miſſputl*, que quelques-uns appellent auſſi *Katzen-Silber*, ou argent de chat, eſt un minéral blanchâtre, & qui brille dans la mine d'étain. Il eſt léger ; ainſi comme on peut le séparer par les lotions, il ne cauſe point de perte à la bonne mine d'étain avec laquelle il eſt ſouvent mêlé.

10. *Le Quartz.*

Il y en a de gris, de blanc,

& de rougeâtre : on le sépare
assés facilement de la mine en
la pilant, & en la lavant avant
de la fondre : mais ce travail
exige beaucoup de dépense.

11. *Le Floss.*

Le *floss* est quelquefois brun,
ou rouge, ou jaune. Ce minéral est assés facile à fondre, &
il fournit un étain qui est fort
bon.

12. *Le Ruffenberg.*

On appelle *Ruffenberg*, ce minéral que l'on trouve attaché
aux fentes des rochers, & aux
crevasses qui se forment dans
les galleries. Il contient beaucoup d'étain, & souvent il est
couvert de floss pointus, ran-
gés comme des rayons. Mais
ordinairement quand on creuse
plus avant on ne trouve point
de mine d'étain; quoiqu'il semble en annoncer.

CHAPITRE LXXX.

Maniere d'essayer la mine d'étain pour en separer l'étain.

APRÉS avoir réduit la mine en poudre, vous la laverez, puis vous la ferez rotir dans un test à une bonne chaleur. Vous la pulvériserez ensuite de nouveau pour en séparer les parties qui vous paroîtront ne point contenir de métal. Il faudra alors peser cette mine pour sçavoir de combien elle a diminué : après quoi vous prendrez un quintal de ce *Schlich* (*a*) roti, que vous mettrez dans un creuset avec trois quintaux de flux noir, & vous couvrirez le tout avec du sel com-

____

(*a*) On appelle *Schlich* la mine pilée & lavée.

mun ; puis vous ferez fondre la matiere avec un feu vif & prompt, comme la mine de cuivre ou celle de plomb, & vous trouverez au fond du creuset le métal contenu dans la mine. Si au lieu de chauffer vivement la matiere pour faire la fonte en peu de tems, vous donniez un feu modéré, mais continué pendant long-tems, vous détruiriez tout l'étain de la mine.

CHAPITRE LXXXI.

De la Mine de fer.

JE supprime ce qui est contenu dans ce Chapitre à cause des raisons rapportées dans le Chapitre XXVII.

CHAPITRE LXXXII.

Des différentes Mines de fer.

LA mine de fer brune ou rouge, est d'une couleur de fer mêlée de jaune.

Le *Glaßkopff*, ou tête de verre est une belle mine de fer qui ressemble au fer poli. Elle est partie anguleuse, & partie ronde : on la nomme aussi *hæmatite.*

La mine de fer blanche ressemble à un spath blanc ; elle donne de très-bon fer.

La mine de fer jaune est semblable à une terre jaune.

CHAPITRE LXXXIII.

Maniere d'essayer la Mine de fer, ou la Mine d'acier.

PRENEZ deux quintaux de cette mine réduite en poudre, & faites la rotir; puis lorsqu'elle sera refroidie, partagez la en deux parties égales : à une de ces deux portions de la mine rotie ajoutez deux quintaux de flux noir, un quintal de sel ammoniac, cinquante livres de sel de verre, & autant de charbon pulvérisé : mêlez le tout ensemble, bien exactement, & couvrez ce mélange de sel commun; puis mettez - le au feu de fonte. Après avoir soufflé de suite pendant un bon quart d'heure; l'essai sera fait.

Autre Procédé.

Prenez un quintal de mine de fer rotie, & mêlez-la pour la fondre avec trois quintaux de verre de plomb, deux-quintaux de flux noir, & un demi quintal de charbon pulvérifé.

Autre Procédé.

Prenez deux pots de vieille urine fermentée, jettez-y une poignée de tartre pulvérifé, & autant de fel de verre ou de pottaffe. Faites du tout une leffive, que vous ferez évaporer à ficcité : puis réduifez en poudre le réfidu; c'eft un très-bon flux. Vous mêlerez fix quintaux de ce fondant avec un quintal de mine de fer rotie, vous couvrirez ce mêlange de fel commun; & en foufflant pendant un quart d'heure ou environ, vous ferez fondre la

mine, qui fournira le fer qu'elle contient.

CHAPITRE LXXXIV.

Du mercure ou vif-argent.

JE supprime ce qui est contenu dans ce Chapitre à cause
des raisons rapportées dans le
Chap. XXVII.

CHAPITRE LXXXV.

Des différentes Mines de mercure.

LA mine de cinabre ressemble beaucoup à la mine
d'argent rouge.

Il y a aussi une mine brune qui contient du mercure.

On trouve encore quelque-
fois du mercure dans les galleries des anciennes mines

abandonnées : il y a apparence que ce métal s'y eſt raſſemblé en coulant par les fentes des rochers.

Il eſt auſſi quelquefois élevé juſque ſur la terre par des exhalaiſons, & on le trouve alors dans l'herbe qui la couvre.

CHAPITRE LXXXVI.

Maniere d'eſſayer la Mine de mercure.

POUR eſſayer une mine de mercure il faut prendre deux cornues de grès, & mettre dans l'une une livre de cette mine caſſée en morceaux gros comme des noiſettes, & dans l'autre ſuffiſante quantité d'eau pour en remplir les deux tiers. Vous joindrez enſuite ces deux cornues en faiſant entrer l'extrémité du col de celle qui

contient la mine, dans le col
de celle où vous avez mis
l'eau ; puis vous lutterez les
jointures , ayant soin cependant de réserver une petite ouverture , que vous fermerez
avec un morceau de bois taillé en fosset, & par ce moyen
vous pourrez de tems en tems
donner issue aux vapeurs rare-
fiées. Vous poserez ensuite la
cornue qui contient la mine sur
des charbons ardens , & vous
l'en environnerez de toutes
parts ; l'autre cornue sera posée
sur du sable, & afin d'empê-
cher qu'elle ne s'échauffe trop
fort, vous ferez entre les deux
cornues une séparation avec
des briques. Vous augmenterez le feu par dégrés jusqu'au
point de faire rougir la cornue
dans laquelle est la mine. Alors
le mercure en sortira sous la
forme d'une vapeur qui , pas-

fant dans l'autre cornue fe con-
denfera & fe précipitera. Vous
verrez, après avoir retiré & pefé
ce mercure, combien une livre
de cette mine en aura rendu.

Autre Procédé.

Si vous voulez faire cet effai
fuivant le poids d'effai , prenez un petit pot verniffé, em-
pliffez-le d'eau jufqu'au tiers ,
adaptez & luttez fur l'ouverture de ce pot un creufet dont
le fond foit percé de quatre
petits trous. Mettez dans le
creufet la mine de mercure ; il
faut qu'elle foit en morceaux
affés gros pour qu'elle ne puiffe pas tomber par les petits
trous dans le pot inférieur. Enterrez enfuite dans une grande
terrine pleine de fable le petit
pot verniffé, de maniere que le
fable touche le bas du creufet.
(L'Auteur a oublié de marquer

qu'il faut couvrir ce creuset
& lutter son couvercle exactement). Tout étant ainsi préparé, vous allumerez du feu
autour du creuset ; & le mercure changé en fumée passera
par les petits trous pour se condenser dans l'eau , en entrant
dans le pot inférieur. Il faut
avoir soin dans ces essais de ne
point s'exposer à la vapeur du
mercure ; car elle est très-dan-
gereuse , & elle cause souvent
la paralysie.

CHAPITRE LXXXVII.

Du Cobolt.

LE Cobolt est de tous les
minéraux, celui qui con-
tient le poison le plus actif.
L'Auteur prétend que c'est un
arsenic parfait , & un argent
imparfait, ou qui n'est pas en-

core mûr. Delà, dit-il, on doit
conclure, que l'arfenic eſt toujours le commencement des
métaux blancs, & qu'il tend
à être changé en argent, en ſup-
poſant toujours ſon union avec
le mercure. Le cobolt ſe diſ-
ſoud dans l'eau - forte comme
l'argent; ce qui fait connoître,
ſelon l'Auteur, que c'eſt une
mine d'argent qui n'eſt pas
mûre : il en apporte encore
une autre preuve; c'eſt que
la couleur bleue qui eſt propre à l'argent s'y trouve en
grande quantité.

CHAPITRE LXXXVIII.

Maniere d'essayer le cobolt pour en faire la couleur bleue.

PRENEZ deux quintaux de cobolt réduit en poudre. Rotissez-le bien, & partagez-le ensuite en deux parties égales ; puis ajoutez à l'une de ces deux quantités de cobolt roti un quintal de fable lavé & bien pur, & un quintal de fondant, ou de potasse calciné : mêlez bien exactement le tout ensemble ; puis ayant mis le mélange dans un creuset, faites-le fondre dans un fourneau à soufflet, ou dans un fourneau à vent, & vous connoîtrez à la nuance du bleu la bonté de la mine. Pour être encore plus sûr de sa richesse, il faut faire plusieurs essais d'une même mine,

en

en y ajoutant deux, trois ou
un plus grand nombre de parties de fable contre une partie
de cobolt ; car il y a tel cobolt dont un quintal peut co-
lorer jufqu'à fix quintaux de fable, ce qui eft très - avanta-
geux pour les Propriétaires de
la mine, & des moulins à couleur.

CHAPITRE LXXXIX.

Du Kiefs, ou de la Pyrite.

LA pyrite eft d'une très-
grande utilité pour la fonte des mines, & pour les réduire en matte : elle fe charge de l'argent contenu dans
une fonte, & elle le tranfmet au
plomb. Il y a plufieurs efpéces
de pyrites : il y en a de fulfu-
reufes, qui font jaunes, comme l'or : il y en a auffi de bril-

Q

lantes & polies. Ces derniers
font cubiques, ou héxagones,
ou octogones.

On trouve aussi des *Waſſer-Kicſs*, ou pyrites d'eau qui
font blanchâtres. Il y en a de
cuivreuſes, qui font rougeâ-
tres; & il y en a qui contiennent du vitriol & de l'alun:
celles-ci font griſes & noires,
à peu près comme de la mine
de fer.

CHAPITRE XC.

*Maniere d'eſſayer une Pyrite
pour connoître ſi elle contient
du ſoufre.*

POUR connoître ſi une pyrite contient du ſoufre, il
faut la caſſer en morceaux gros
comme des pois : vous en mettrez enſuite une livre dans une
cornue, à laquelle vous adap-

terez un récipient que vous remplirez d'eau jufqu'au tiers. Vous lutterez exactement les jointures, & vous commencerez la diftillation avec un feu doux, que vous augmenterez par dégrés, & qui doit être affés vif à la fin. Vous ne le cefferez que lorfque vous ne verrez plus paffer aucune vapeur : alors vous laifferez refroidir les vaiffeaux, puis vous retirerez le foufre qui nagera fur l'eau, vous le ferez fécher à une chaleur très-douce ; & vous verrez combien cette livre de pyrite vous en aura fourni.

CHAPITRE XCI.

*Maniere d'essayer une Pyrite,
ou une ardoise pyriteuse pour
en séparer le vitriol & l'alun.*

POUR séparer le vitriol d'u-
ne pyrite, vous la retirez
exactement après l'avoir cassée
en petits morceaux, puis vous
en ferez une lessive, dont vous
ferez évaporer un quintal dans
une petite capsule de cuivre à
un feu de lampe ou de charbon bien doux : & vous peserez le vitriol qui restera au fond
du vase.

Afin d'être bien sûr que ce
sel est véritablement du vitriol,
vous le gouterez, dit l'Auteur ; & s'il est âcre & acide,
c'en est certainement, de même
que s'il donne une couleur
rouge à un morceau de fer bien

net contre lequel on le frot-
tera. L'essai que je viens d'é-
crire sera encore plus juste, si
au lieu d'un quintal fictif, vous
faites évaporer trois ou quatre
parties de la lessive dans une
petite marmite de plomb; &
vous verrez exactement par ce
moyen de quelle espéce sera
le vitriol qu'elle fournit.

Pour essayer la mine de vitriol afin d'en séparer l'alun,
prenez quatre livres de cette
pyrite cassée en très-petits morceaux ; versez dessus suffisante
quantité d'eau pour qu'elle sur-
passe la pyrite d'un travers de
doigt : laissez digerer le tout
ensemble pendant trois heures;
& vous aurez une lessive qu'il
faudra filtrer : puis à trois pin-
tes de cette lessive filtrée, vous
ajouterez une pinte d'urine, &
vous ferez bouillir ce mélange
pour le réduire au quart. Vous

laisserez ensuite reposer cette liqueur afin que les impuretés qu'elle contient se précipitent; vous la filtrerez alors de nouveau, & vous la ferez évaporer jusqu'à la réduction de moitié : elle deviendra brune. Vous la vuiderez enfin dans une auge, ou dans un petit bacquet, que vous poserez dans un lieu frais, afin que les cristaux d'alun puissent s'y former. Vous enleverez ces premiers cristaux, vous réduirez de nouveau la lessive par évaporation, à la moitié de son volume, & vous la remettrez dans un lieu frais pour la faire cristalliser. Vous continuerez de même jusqu'à ce que la liqueur commence à fournir des cristaux verds. Il faut cesser alors, parcequ'elle vous donneroit du vitriol.

Il n'est pas nécessaire de cal-

ciner l'ardoife, ou la terre d'a-
lun pour en faire l'effai. Il ne
faut pas non plus l'effayer au
fortir de la terre ; mais il faut
qu'elle ait été pendant quelque tems expofée à l'air en un
monceau ; & lorfqu'après avoir
été bien pénétrée par l'air elle
eft tombée en chaux en fleurif-
fant, elle eft alors bien en état
d'être effayée, comme je viens
de le détailler.

CHAPITRE XCII.

De la Pierre calaminaire.

LA pierre calaminaire eft
un minéral, qui contient
du plomb. Il y en a de deux
fortes ; fçavoir, la pierre calaminaire naturelle ou de montagne, & celle que l'on fépare
par la fonte. La pierre calaminaire naturelle fe trouve dans

les mines de plomb, comme
à Goslar, dans les mines de
Rammels-Berg. Ces deux matieres, la pierre calaminaire &
le plomb, se séparent l'une de
l'autre dans la fonte. La pierre calaminaire s'élevant dans
le fourneau de fonte en une
fumée, qui s'arrête à la che-
minée, dans laquelle elle forme une croute que l'on détache pour l'employer à conver-
tir le cuivre rouge en cuivre
jaune, en lui procurant en même tems une augmentation de
poids.

DES PRINCIPAUX
ESSAIS

Sur l'Or, sur l'Argent & sur les Monnoies, avec la maniere de faire les calculs qui dépendent de ces essais.

CHAPITRE XCIII.

Maniere d'essayer l'Argent aurifere.

ON appelle *Argent aurifere*, de l'argent qui contient par marc depuis trois deniers jusqu'à quatre loths d'or : & celui qui contient plus de quatre loths d'or par marc, se nomme *Golder*.

Pour essayer de l'argent aurifere, il faut en peser deux marcs séparément suivant le

R

poids de deniers, & vous ferez passer chacun de ces deux
marcs d'argent sur une coupelle bien recuite, avec sept
marcs de plomb. Si les deux
boutons sont d'un poids égal
vous notterez le poids de l'un
des deux.

Vous peserez ensuite séparément deux autres marcs du
même argent, & vous les mettrez chacun dans un petit matras, puis vous verserez dans
le matras une demi-once d'eau-
forte, & vous le placerez sur
un feu de charbons bien doux.
Enfin, vous procéderez comme il a été dit à l'article de
l'essai de la mine d'or. Si vous
voulez avoir le produit de ces
deux essais rassemblé en deux
boutons, vous envelopperez
la chaux d'or, produit de chaque essai, dans un morceau de
plomb mince, & vous les fe-

rez paſſer chacun ſur une coupelle. Vous les comparerez enſuite dans la balance ; & s'ils
ſont d'un poids égal , vous défalquerez le poids d'un de ces
deux boutons d'or pur, du poids
d'un des deux boutons produits par le premier eſſai, qui
contiennent l'or & l'argent
mêlés enſemble , & vous aurez
le poids de l'argent fin.

Par exemple , ſuppoſons que
le bouton produit du premier
eſſai par la coupelle , peſe huit
loths , trois gros , un denier ,
& que le bouton d'or retiré
par le départ , peſe deux gros,
deux deniers; en ôtant le poids
du bouton d'or du poids du
bouton d'argent aurifere , on
aura huit loths , trois deniers ,
qui ſera le poids de l'argent fin
contenu dans le marc d'argent
aurifere.

Division de la livre, poids de mar-
chands, en Allemagne.

La livre contient . .   32 loths.
Le loth .   .   .   .   .   4 gros.
Le gros .   .   .   .   .   4 den.
Le denier .   ,   .   .   .   2 hel.

Ce marc d'argent aurifere
contient donc

       2 Gros , 2 D. d'Or.
  8 Loths 3 G.   1 D. d'Argent
& 6 Loths 2 G.   1 D. de Cuiv.

Les exemples suivans servi-
ront à vous faire encore mieux
entendre ce que je viens de
dire , & ils vous apprendront
aussi à calculer le prix qu'on
doit payer de l'or & de l'argent en argent monnoyé.

On a fondu ensemble plu-
sieurs sortes d'argent aurifere,
toute la masse pese huit marcs
onze loths, & chaque marc
de cette masse contient huit

loths trois deniers d'argent fin,
& deux gros deux deniers d'or.
On demande combien vaut
cette maffe.

Le marc d'argent vaut à
préfent douze florins quatre
grofchs, & le gros d'or vaut
deux florins dix-huit grofchs.
Les frais du départ vont à dix
grofchs fix pfennings par marc.
Il en coute de même dix
grofchs fix pfennings pour l'effai de la maffe totale. Il faut
d'abord calculer combien il y
a d'argent fin dans toute la
maffe ; & voici la maniére de
le trouver. Il faut faire la régle *de trois* fuivante.

Si un marc contient huit loths trois deniers, combien huit marcs onze loths.

Il faut ſçavoir, pour entendre les calculs ſuivants, que :

Le florin ... vaut ... 21 groſchs.
Le groſch ... ... 12 pfennings.
Le pfenning .. .. 2 hellers.

Comme il y a des marcs & des loths dans le troiſiéme terme de cette régle, il faut commencer par réduire le premier & le troiſiéme terme en loths, & de même il faudra réduire en deniers le deuxiéme terme qni contient des loths & des deniers ; & alors cette même régle ſera expoſée de la maniére ſuivante, & exécutée ſuivant la méthode ordinaire.

Si 16 loths d'argent aurifere contiennent 131 deniers d'argent fin, combien 139 loths ?

$$139$$
$$1179$$
$$393$$
$$131$$

$$18209 \mid 16$$
$$16 \mid 1138 \text{ den. } \tfrac{1}{16}$$

Nota l'Auteur a negligé cette fraction.

$$22$$
$$16$$

$$60$$
$$48$$

$$129$$
$$128$$

$$1$$

Le quotient eſt donc 1138 deniers, qu'il faudra d'abord diviſer par quatre pour avoir des gros ; puis il faudra de même diviſer le nombre de gros par quatre pour avoir des loths ; & enfin en diviſant le nombre de loths par ſeize on aura des marcs.

R iv

$$
\begin{array}{r|l}
1138 & 4
\end{array}
$$

```
1138|4
   8  | 284|4
  33    28 |71|16
  32     4  64  4 marcs
   18    4/0  7 loths
   16
reste     2 deniers
```

'Ainsi toute la masse d'argent contient quatre marcs sept loths deux deniers d'argent fin.

J'avertis que, comme on ne verra dans les calculs suivans que les mêmes opérations que je viens de détailler, je ne ferai simplement qu'exposer la suite du calcul, sans rendre compte des raisons qui me conduisent à le faire; & en cela je suivrai l'Auteur que je traduis, qui n'a pas même détaillé le calcul précédent.

Pour connoître la quantité d'or contenue dans toute la

masse de cet argent aurifere, vous ferez la régle de trois & les réductions suivantes :

Si 1 marc 16 loths contiennent 2 gros 2/10 deniers d'or, combien 8 marcs 11 loths ? 139 loths.

```
  139
   10
 ________
1390|16
 128 |86|4
  110|8 |21|4
   96|06|20|5  loths
   14   4  1 gros
    2   2 deniers
   28|16
   16 1¾ heller
   12
```

Vous voyez par ce calcul que la masse d'argent aurifere susdite contient 5 loths 1 gros 2 deniers 1¾ de heller d'or fin.

Il faut présentement calculer combien les quatre marcs sept loths deux deniers d'argent fin,

vaillent en argent monnoyé.
Le marc de cet argent vaut,
comme je l'ai deja dit, 12 florins 4 grofchs.

Voici la maniére de le calculer.

Si $\frac{1}{256}$ marc deniers valent 12 florins 4 grofchs. 256 grofchs.

combien 4 marcs 7 loths 2 deniers? 1138 deniers.

Le produit de la régle de trois
eſt néceſſairement 1138 grofchs.

$$\frac{1138}{105} \Big| \frac{21}{54 \text{ florins}}$$
$$\frac{88}{84}$$
$$4 \text{ grofchs}$$

Ainſi l'argent fin contenu
dans toute cette maſſe, vaut
en argent monnoyé cinquante
quatre florins quatre grofchs.

Vous calculerez enſuite la
valeur, en argent monnoyé,
de tout l'or fin contenu dans

cette maffe d'argent aurifere,
en difant :

Si $\frac{1 \text{ gros}}{32 \text{ hellers}}$ valent $\frac{2 \text{ florins } 18 \text{ grofchs}}{60 \text{ grofchs}}$

combien valent $5 \text{ loths } 1 \frac{\text{gros } 2 \text{ den.}}{695 \text{ hellers.}} 1\frac{3}{4} \text{ hellers.}$

$$
\begin{array}{l}
695 \\
60 \\
\hline
41700 \mid 32 \\
\quad 32 \qquad\qquad 1303 \mid 21 \\
\hline
\quad 97 \qquad\qquad \overline{126 \quad 62} \text{ florins.} \\
\quad 96 \qquad\qquad\quad 43 \\
\hline
\quad 100 \qquad\qquad 42 \\
\qquad 96 \qquad\qquad \overline{1 \text{ grofch}} \\
\hline
\qquad \overline{4} \text{ grofchs ou } 1\frac{1}{2} \text{ pfen.} \\
\qquad \overline{32} \text{ ou } 1 \text{ pfen. \& } 1 \text{ hel.}
\end{array}
$$

Ainfi le prix de l'or fin contenu dans cet argent aurifere eft :

Le prix de l'argent fin eft :

	62 flo.	1 g.	1 pfen.	& 1 hel.
	54	4	0	0
donc	116 flo.	5 g.	1 pfen.	1 hel.

font la valeur de la maffe totale d'argent aurifere.

Il faut défalquer de cette
fomme les frais du départ &c

de l'essai. Pour calculer les
frais du départ, à raison de dix
grofchs six pfennings par marc,
vous ferez la régle de trois
fuivante.

Si 1 marc / 16 loths coûtent 10 grofchs 6 pfennings / 126 pfennings

combien 8 marcs 11 loths? / 139 loths.

$$
\begin{array}{l}
139 \\
126 \\
\hline
854 \\
278 \\
139 \\
\hline
17514 \mid 16 \\
16 \qquad\qquad 1094 \mid 12 \\
\hline
151 \qquad 108 \qquad 91 \mid 21 \\
144 \qquad\quad 14 \quad 84 \quad 4 \text{ florins.} \\
74 \qquad\qquad 12 \quad 7 \text{ grofchs.} \\
64 \qquad\qquad\quad 2 \text{ pfennings.} \\
10 \\
2 \\
\hline
20 \mid 16 \\
16 \quad 1 \text{ heller } \tfrac{1}{4} \\
\tfrac{4}{16}
\end{array}
$$

Ainsi le total des frais du départ se monte à

$$4 \text{ flo. } 7 \text{ gro } 2 \text{ pfen. } 1\tfrac{1}{4} \text{ de heller}$$

à quoi il faut
ajouter pour
les frais de
l'essai   0   10   6   0

total des frais 4 flo. 17 g. 8 pfen. $1\tfrac{1}{4}$ de heller

enfin retranchant de la valeur totale de la masse d'argent
aurifere ci   116 flo. 5 g. 1 pfen. 1 heller
le total des frais
nécessaires pour

cette masse ci   4   17   8 $1\tfrac{14}{4}$

on aura   111 flo. 8 g. 5 pfen. $1\tfrac{3}{4}$ hel.

pour le prix que le marchand doit retirer de sa masse
d'argent aurifere.

Cet exemple suffit pour apprendre à calculer le prix de toutes les matiéres de cette espéce.

CHAPITRE XCIV.

Maniére d'inquarter & d'essayer les Golders non monnoyés, en platines, en lingots ou sous telle autre forme que ce soit.

ON essaye les golders, dit l'Auteur, selon le poids de deniers pour la commodité de ceux qui les achetent, ou qui les vendent. Mais, si un directeur de monnoye veut les fondre, il faut les essayer suivant le poids de karat.

Si vous voulez essayer des lingots, des platines ou des masses de cette matiére, il faut en couper des morceaux de la maniére qui a été détaillée plus haut, & vous en peserez deux essais suivant le poids de karat. Vous frotterez le morceau destiné pour l'essai sur une pierre de touche, & vous connoîtrez à peu près son titre par le moyen des touchaux faits suivant le poids de karat ; puis vous calculerez de la maniére suivante la quantité d'or contenue dans un golder, dont un touchau vous indique le titre.

Je suppose, par exemple, que le golder que vous vou-

lez effayer, fe rapporte au touchau marqué dix-huit .karats
Pour connoître combien il y
a de loths d'or dans un marc
de ce golder, vous ferez la
régle de trois fuivante :

Si 24 kar. contiennent $\frac{1}{16}$ marc loths. d'or fin,
combien 18 karats ?

$$\begin{array}{r} 18 \\ 16 \\ \hline 108 \\ 18 \\ \hline 288 \mid 24 \\ \hline 24 \mid 12 \text{ loths.} \\ 48 \\ 48 \\ \hline 00 \end{array}$$

'Ainfi connoiffant que dans
un marc de ce golder il y a
douze loths d'or fin, je vois
qu'il faut lui ajouter trente-fix
loths, c'eft-à-dire trois fois
fon poids d'argent fin pour
l'inquarter. Mais comme dans
un marc ces douze loths font

dejà unis à quatre loths d'argent, il suffira de lui en ajoûter
trente-deux au lieu de trente-
six. Vous mettrez ensuite ces
deux essais sur des coupelles,
& vous les ferez passer chacun
avec cinq marcs de plomb; puis
vous peserez les boutons, & ce
qu'ils auront perdu de leur
poids est la quantité de cuivre,
ou d'autres matiéres, dont l'or
étoit chargé par l'alliage.

Par exemple, si vous avez
mis sur la coupelle quarante-
huit loths d'or & d'argent
mêlés ensemble, & que le bouton après l'affinage ne pese plus
que quarante-sept loths, deux
gros, trois deniers, vous pourrez conclure qu'il contenoit
un gros un denier d'alliage.
Vous réduirez ensuite ces boutons en lames bien minces dont
vous formerez deux cornets,
& vous mettrez chacun de ces
cornets

cornets dans un petit matras,
dans lequel vous verſerez enſuite deux loths de bonne eau
forte ; puis vous hâterez la diſ-
ſolution de l'argent dans cette
eau forte, en faiſant chauffer
les matras ſur un feu de charbon, doux au commencement,
mais que vous augmenterez
par dégrés pendant une demi-
heure, ou, juſqu'à ce que les
matras ayent repris leur premiere tranſparence, & que
l'eau forte ait ceſſé de donner
de petites bulles. Vous la décanterez alors, & vous la remplacerez avec un loth de nouvelle, afin que, ſi par hazard
il réſtoit encore de l'argent,
vous fuſſiez ſûr qu'il eſt parfaitement diſſous. Vous décanterez enfin cette nouvelle
eau forte, & vous édulcorerez le cornet, premierement
avec de l'eau de riviere chaude,

puis avec de l'eau froide ; après quoi vous le laisserez tremper dans de l'eau pendant quelque temps : vous l'en retirerez ensuite & vous le ferez recuire. Ces opérations étant faites sur les deux cornets, vous les peserez l'un contre l'autre, & s'ils sont d'égale pesanteur l'essai sera juste. Il vous faudra seulement défalquer du poids du cornet un denier à cause du *Hinterhalt* de l'eau forte, & le reste sera le poids de l'or pur. Le poids de l'argent sera celui dont le bouton aura diminué au départ moins la quantité d'argent que vous y avez ajoutée pour inquarter le golder. Ainsi vous connoîtrez de cette maniére la valeur exacte de ce golder.

Vous essayerez de la même maniére tous les golders non monnoyés.

Je vais préfentement vous donner un exemple de la maniére dont il faut calculer la valeur de ces fortes de matiéres.

Je fuppofe que la maffe d'or que vous voulez effayer pefe dix marcs, deux loths, un gros, & que le marc de cette maffe contient douze loths d'or fin, & quatre loths d'argent pareillement fin, je demande combien il y a d'or, & combien il y a d'argent dans toute cette maffe.

Il faut d'abord calculer la
quantité d'or, en disant :

Si $\frac{1}{64}$ marc gros contiennent $\frac{12}{12}$ loths loths

combien $\frac{10}{649}$ marcs 2 loths 1 gros gros ?

$$
\begin{array}{l}
649 \\
12 \\
\hline
1298 \\
649 \\
\hline
7788 \,|\, 64 \\
\ \ 64 \quad\ |\, 121 \,|\, 16 \\
\hline
\ 138 \qquad 112 \,|\, 7 \text{ marcs.} \\
\ 128 \qquad\ \ 9 \text{ loths.} \\
\hline
\ 108 \\
\ \ 64 \\
\hline
\ \ 44 \\
\ \ \ 4 \\
\hline
176 \,|\, 64 \\
128 \,|\, 2 \text{ gros} \\
\hline
\frac{48}{64} \text{ ou } \frac{3}{4} \text{ ou } 3 \text{ deniers.}
\end{array}
$$

Je trouve par ce calcul que
toute cette masse d'or contient
sept marcs, neuf loths, deux

gros & trois deniers d'or fin.
Mais je ſçai que douze loths
de cet or contiennent un gros
& un denier d'alliage, qui étant
paſſé à la coupelle au poids de
douze loths, il a diminué de
cette quantité : ainſi ,il faut
calculer à combien ira cette diminution pour les ſept marcs,
neuf loths, deux gros , trois
deniers d'or. C'eſt ce que vous
ferez ainſi.

Si $\frac{12 \text{ loths}}{192 \text{ deniers}}$ perdent $\frac{1 \text{ gros } 1 \text{ deniers}}{5 \text{ deniers}}$

combien $\frac{7 \text{ marcs } 9 \text{ loths } 2 \text{ gros } 3 \text{ deniers ?}}{1947 \text{ deniers}}$

$$
\begin{array}{r}
1947 \\
5 \\
\hline
\end{array}
$$

9735 | 192

960 | 50 | 4

135 48 | 12 | 4

2 2 | 12 | 3 loths

gros.

270 | 192

192 1 heller

$\frac{78}{192}$ ou $\frac{13}{32}$ de heller.

Ainsi la diminution du poids de l'or pour l'alliage qu'il contient, sera de 3 loths, 2 gros 1$\frac{13}{32}$ de heller, qui retranchée du poids total de l'or laissera 7 marcs, 6 loths, 1 denier $\frac{9}{32}$ heller pour la véritable quantité d'or pur contenue dans toute la masse du golder que vous avez essayé.

Vous connoîtrez la quantité

d'argent contenue dans cemê-
me golder, en difant :.

Si $\frac{1}{64}\,{}^{marc}_{gros}$ contiennent $\frac{4}{4}\,{}^{loths}_{loths}$ d'argent ;

combien $\begin{smallmatrix} 10\ marcs\ 2\ loths\ 1\ gros?\\ 649\ gros \end{smallmatrix}$

```
      649
        4
   ─────────
   2596 | 64
   ─────────
   256 | 40 | 16
    36 | 32 | 2  marcs;
     4    ─── 8  loths.
   ─────────
   144 | 64
   128 | 2  gros..
   ──
   16      ou  1   ou  1   denier
   64
```

& vous trouvez qu'il contient
deux marcs, huit loths, deux
gros, un denier d'argent.

Vous pourrez calculer de la
même maniere la valeur de
tous les golders que vous ef-
fayerez fuivant le poids de
marc.

Si par hazard vous ne pouviez pas assés bien distinguer le titre d'un golder avec les touchaux, pour en faire l'inquart, vous en feriez une *épreuve d'essay*, c'est-à-dire, que vous y ajouteriez à peu près la quantité d'argent nécessaire pour en faire le départ ; & alors connoissant son titre, vous pourrez l'inquarter & l'essayer exactement.

Table

Table qui indique la valeur des poids de Karat en poids de Marc, c'est-à-dire, en Loths, Gros, De-niers, & parties de Den.

1 karat vaut	O loth	2 gros	2 den.	2/3 de denier
2	1	1	1	1/3
3	2	O	O	O
4	2	2	2	2/3
5	3	1	1	1/3
6	4	O	O	O
7	4	2	2	2/3
8	5	1	1	1/3
9	6	O	O	O
10	6	2	2	2/3
11	7	1	1	1/3
12	8	O	O	O
13	8	2	2	2/3
14	9	1	1	1/3
15	10	O	O	O
16	10	2	2	2/3
17	11	1	1	1/3
18	12	O	O	O
19	12	2	2	2/3
20	13	1	1	1/3
21	14	O	O	O
22	14	2	2	2/3
23	15	1	1	1/3
24	16	O	O	O

T

Pour vous apprendre l'usage
de cette Table, je suppose que
vous avez de l'or que vous voulez inquarter, & que vous l'a-
vez trouvé au titre de six karats
par le moyen des touchaux.
Vous voulez sçavoir combien
il y a d'or pur dans un marc
d'or à six karats ; pour cet effet
vous cherchez six karats dans
la premiere colonne de la table, & vous voyez que ce poids
répond à quatre loths : vous
sçavez tout d'un coup par ce
moyen , que quatre loths est
la quantité d'or pur contenue
dans un marc d'or à six karats,

TABLE D'INQUART,

C'est-à-dire qui indique la quantité d'argent fin qu'il faut ajouter à chaque marc de golder, dont le titre est depuis quatre loths jusqu'à seize.

Un golder qui contient	loths d'or par marc exige	marc	loths d'argent fin pour être inquarté.
5	0		4
6	0		8
7	0		12
8	1		0
9	1		4
10	1		8
11	1		12
12	2		0
13	2		4
14	2		8
15	2		12
16 ou un marc	3		0

CHAPITRE XCV.

Maniere d'essayer les golders monnoyés.

LEs trois sortes de touchaux qui servent à connoître le titre de l'or, épargnent beaucoup d'épreuves d'essay qu'il faudroit faire sur les golders, parcequ'il y en a de plusieurs sortes. Les uns sont alliés sur rouge ou sur cuivre, les autres sont alliés sur blanc ou sur argent. Enfin, il y en a d'autres qui sont alliés avec tous les deux.

La premiére suite de touchaux décrite dans le *chap.* XXI. *n.* 1. c'est-à-dire, ceux qui sont alliés sur blanc, servent pour les golders de Hongrie, & pour d'autres semblables qui contiennent peu de cuivre.

La seconde suite de touchaux décrite au même *chap.* *n.* 2. c'eft-à-dire, ceux qui font alliés fur rouge fervent pour faire connoître le titre des golders rouges, comme font ceux du Rhin, & quelques autres qui contiennent beaucoup plus de cuivre que d'argent.

La troifiéme fuite de touchaux décrite au même *chap.* *n.* 3. fert pour faire connoître le titre de tous les golders ordinaires monnoyés, comme auffi des chaînes, des bagues & des autres bijoux d'or.

A l'égard de la maniere de fe fervir de ces touchaux pour connoître le titre de l'or, elle a deja été décrite ci-deffus.

Quand vous aurez reconnu le titre de l'or par le moyen des touchaux, (je prens pour exemple les florins de Hongrie, qui contiennent vingt-trois karats, cinq grains d'or, fix grains d'argent, & un grain de cuivre) vous peferez féparément deux marcs de cet or, & vous ferez paffer fur une coupelle chacun de ces deux marcs d'or avec cinq marcs de plomb : ce qui vous reftera fur la coupelle, fera l'or & l'argent mêlés enfemble ; ainfi le bouton ne pefera plus que vingt-trois karats onze grains, parcequ'il y avoit un grain de cuivre qui aura été détruit. Et comme il y a dans ce bouton vingt-trois karats, cinq grains d'or, & fix grains d'argent, pour l'inquarter vous y ajouterez trois fois vingt-trois karats, cinq grains d'argent moins fix grains, ce qui fait foixante-neuf karats, neuf grains, pour chaque bouton. Les ayant ainfi inquartés, vous les ferez paffer de nouveau à la coupelle, avec cinq fois autant de plomb. Vous laminerez ensuite les boutons, qui doivent être d'un poids égal, & vous les roullerez en cornets pour en faire le départ, comme il a été dit à l'article des golders non monnoyés. Vous comparerez ensuite les cornets d'or pour sçavoir s'ils sont d'une égale pesanteur, & en ce cas vous en défalquerez le Hinterhalt.

Par Exemple.

	karats	grains	
Le cornet d'or a pesé	2 3	7	
Le hinterhalt est de	0	2	
donc il reste	2 3 karats	5	grains d'or pur
qui étoit allié avec	0	6	d'argent fin
& avec	0	1	de cuivre

Je vais donner ici la maniere de calculer les quantités d'or, d'argent & de cuivre qui sont contenues dans une masse de

T iv

golder d'un poids déterminé ; & dont on a fait l'essai en petit.

On trouvera à la suite une table d'inquart pour les golders, dont le titre est depuis sept jusqu'à vingt-quatre karats.

Un Directeur de monnoye fait fondre des ducats simples en un lingot qui pese huit marcs quatre loths. Il faut essayer ce lingot suivant le poids de karat pour connoître combien chaque marc contient d'or pur, d'argent fin & de cuivre. Il se trouve par l'essai que chaque marc de ce lingot contient vingt-trois karats, cinq grains d'or, six grains d'argent & un grain de cuivre.

Vous voulez sçavoir combien il y a de chacun de ces trois métaux dans la masse totale du lingot.

Voici la maniere de calculer la quantité d'or fin contenue dans ce lingot.

Si $\frac{1 \text{ marc}}{16 \text{ loths}}$ contient $\frac{23 \text{ karats } 5 \text{ grains}}{281 \text{ grains}}$ d'or,

combien $\frac{8 \text{ marcs } 4 \text{ loths ?}}{132 \text{ loths.}}$

$$281$$
$$132$$
$$562$$
$$843$$
$$281$$

$$37092 \mid 16$$
$$32 \mid 2318 \mid 288$$
$$50 \mid 2304 \mid 8 \text{ marcs}$$
$$48 \qquad 14 \text{ grains}$$
$$29$$
$$16$$
$$132$$
$$128$$
$$\tfrac{4}{16} \text{ou} \tfrac{1}{4} \text{ grain.}$$

On trouve pour le poids total de l'or, 8 marcs 14 $\frac{1}{4}$ grain.

Pour connoître la quantité d'argent contenue dans ce lingot, vous direz :

Si $\frac{1 \text{ marc}}{16 \text{ loths}}$ contient $\frac{6 \text{ grains}}{6 \text{ grains}}$ d'argent combien $\frac{8 \text{ marcs } 4 \text{ loths?}}{132 \text{ loths.}}$

$$
\begin{array}{c}
132 \\
6 \\
\hline
792 \mid 16 \\
\hline
64 \mid 49 \mid 18 \\
\hline
152 \mid 30 \mid 2 \text{ loths} \\
144 \mid 13 \text{ grains} \\
\frac{8}{13} \text{ ou } \frac{1}{2} \text{ grain.}
\end{array}
$$

On trouve que le poids total de l'argent est 2 loths, $13\frac{1}{2}$ grain

Ainsi ce lingot péfant	8m.4 loths		
contient en or pur	8	0	14 grains $\frac{1}{4}$
en argent fin	0	2	13 $\frac{1}{2}$
donc il contient en cuivre	0	0	8 grains $\frac{1}{4}$

On peut de cette maniere effayer tous les golders, & calculer leur valeur. Si en effayant un golder fur la pierre

de touche ou par *l'épreuve d'effai* , vous avez trouvé qu'il
contient par marc treize karats,
onze grains d'or pur , & un
karat, dix grains de cuivre, pour
l'inquarter exactement vous
ajouterez à chaque marc de ce
golder trois fois treize karats , onze grains d'argent fin ,
ce qui fait quarante-un karats
neuf grains ; mais comme il y
a deja huit karats trois grains
d'argent dans chaque marc de
ce golder, il faudra les diminuer fur les quarante-un karats neuf grains : ainfi il fuffira
de lui ajouter par marc tren-
te-trois karats , fix grains d'argent fin ; & étant ainfi inquarté , vous procéderez à l'opération du départ, comme il a
été dit plus haut.

TABLE D'INQUART,

Qui indique combien il faut ajouter d'argent fin par marc aux golders dont le titre est depuis sept jusqu'à vingt-quatre karats.

A un marc d'un golder qui a pour titre 7 karats il faut ajouter 4 karats d'argent fin.

8	8
9	12
10	16
11	20
12	24
13	28
14	32
15	36
16	40
17	44
18	48
19	52
20	56
21	60
22	64
23	68
24	72

CHAPITRE XCVI.

Ce que c'est que la Cémentation.

LA Cémentation est une opération très-utile pour séparer l'or d'avec les autres métaux, en le stratifiant avec certaines poudres séches ou humectées, qui sont décrites dans le Chapitre XVII. *num.* 1, 2, 3, 4, 5, 6. Ces poudres sont connues sous le nom de *Cément royal.* On ne doit s'en servir que pour les golders qui contiennent plus de moitié or ; car lorsqu'il y a plus d'argent & de cuivre que d'or, le départ est à préférer comme moins embarrassant & moins couteux.

CHAPITRE XCVII.

Maniere de cémenter toutes sortes de Golders.

LA Cémentation ne se fait ordinairement que dans les monnoies, lorsqu'on a beaucoup d'or à séparer d'une petite portion d'alliage : alors, elle est plus avantageuse que le départ, & que la purification par l'antimoine.

Pour cémenter de l'or du Rhin, par exemple, ou quelqu'autre que ce soit, faites-le fondre en un lingot; puis, en le battant, réduisez-le en lames de l'épaisseur d'un florin d'or. Si ce sont des florins d'or, ou de semblable monnoie, vous n'aurez pas besoin de ce travail. Faites rougir cet or dans un creuset : puis prenez un pot

à cémenter rond, & de l'épaiffeur d'un doigt : mettez au fond
de ce pot un lit d'un bon travers de doigt de poudre à cémenter quelconque, & rangez
deffus un lit ou de lamines
d'or, ou de piéces monnoyées,
qui ayent été auparavant trempées dans du vinaigre, ou dans
de l'urine, de maniere qu'il
n'y ait pas deux piéces l'une
fur l'autre. Mettez enfuite un
lit d'un demi doigt d'épais de
poudre à cémenter, puis un
lit de piéces ou lames d'or
trempées dans le vinaigre ou
dans l'urine, & continuez ainfi
cette ftratification jufqu'à ce
que le pot foit plein. Il faut
que le dernier foit, ainfi que le
premier, un lit de poudre à
cémenter de l'épaiffeur d'un
doigt. Vous lutterez exactement fur ce pot un couvercle
de terre ; vous le placerez en-

ſuite dans un fourneau à cémenter, & vous lui donnerez
pendant vingt - quatre heures
une chaleur égale, & qui ne
ſoit pas trop forte. Il faut que
l'or rougiſſe ; mais non pas
qu'il fonde. Au bout de vingt-
quatre heures vous fermerez
toutes les ouvertures du fourneau, afin que le feu s'étouf-
fe, & que le pot ſe refroidiſ-
ſe peu à peu. Lorſqu'il ſera
froid vous le retirerez, & vous
édulcorerez l'or, en le faiſant bouillir dans l'eau : alors
il ſera auſſi pur que celui de
Hongrie.

Si ce ſont des monnoies
d'or que vous avez cémentées,
elles auront perdu tout leur
alliage, ſans que l'empreinte
en ſoit conſidérablement altérée. Elles ſeront ſeulement de-
venues plus légeres du poids de
l'alliage qui en a été ſéparé.
Pour

Pour retirer l'argent qui eſt dans la poudre à cémenter, vous en ferez fondre une livre, autant de plomb, & une pareille quantité de litharge ; puis vous coupellerez le culot de plomb produit de cette fonte.

CHAPITRE XCVIII.

Maniere de purifier l'or par l'antimoine.

FAITES rougir dans un bon creuſet trois loths de l'or que vous voulez purifier ; & lorſqu'il eſt bien rouge ajoutez-y neuf loths d'antimoine, & deux loths de cuivre : faites bien fondre le tout enſemble ; puis coulez-le dans un cône chauffé & graiſſé, il ſe précipitera un régule qu'il faut garder. A l'égard des ſcories,

vous les ferez refondre avec
la moitié de leur poids de nou-
vel antimoine, & vous coulerez de nouveau cette matiere
dans un cône pour en séparer.
le régule : vous répéterez cette
opération trois fois. Vous ferez fondre ensuite tous ces ré-
gules ensemble dans un creuset sur un feu doux de charbon,
& vous soufflerez sur ce bain
avec un soufflet à main, jufqu'à ce que tout l'antimoine
soit diffipé : enfin, vous y jetterez un peu de borax, & vous
laifferez refroidir le tout.

CHAPITRE XCIX.

Maniere de retirer l'or & l'argent contenus dans les scories de l'antimoine qui a servi à purifier l'or.

PRENEZ quatre onces de ces scories d'antimoine. Mélez-les avec quatre onces de flux noir, autant de verre pulvérisé, & douze onces de litharge. Mettez ce mélange dans un creuset, couvrez-le de l'épaisseur d'une paille de sel commun, & faites-le fondre ensuite dans un fourneau à vent. Passez à la coupelle le plomb que cette fonte vous fournira, & vous retirerez votre argent aurifere sans aucune perte. Cet argent aurifere sera blanc ; ainsi il pourra être cémenté ou inquarté.

CHAPITRE C.

Maniere de faire le départ par l'Eau-forte.

FAITES fondre dans un creuset votre argent aurifere, & jettez deſſus de tems en tems des morceaux de papier frottés de cire. Pendant ce tems vous aurez eu ſoin de faire mettre de l'eau dans une chaudiere ; & lorſque l'argent ſera fondu, vous ferez agiter l'eau avec un morceau de bois fendu en quatre parties à ſon extrémité, afin de lui communiquer un mouvement de rotation. Vous y verſerez alors votre argent fondu, qui ſe diviſera en grenailles menues, & dont chaque grain ſera creux. Vous pourriez auſſi granuler

l'argent en agitant l'eau avec
un balai.

L'argent étant ainfi granulé,
vous retirerez les grenailles de
l'eau : vous les ferez fécher,
& même rougir, ayant foin de
ne les laiffer toucher à aucun
corps gras ou mal propre. Enfuite vous en mettrez environ
trois marcs dans un matras.
(Je fuppofe que c'eft de l'argent pauvre en or, & dont on
a féparé la partie la plus riche
par la fonte). Vous verferez
dans le matras pour la premiere fois de l'eau-forte foible, &
vous le tiendrez fur un bain
de fable à une chaleur douce
pendant trois heures ; vous
augmenterez enfuite le feu :
& quand l'eau-forte aura ceffé
de travailler, & qu'elle commencera à jetter de groffes bulles, vous retirerez le matras
peu à peu, de crainte qu'un

froid trop subite ne le fasse
casser. Lorsqu'il sera refroidi,
vous vuiderez l'eau-forte dans
un autre matras, & vous en
mettrez à la place d'autre bien
active, & qui n'ait pas encore
servi ; puis vous replacerez le
matras dans le sable chaud, &
vous le chaufferez un peu plus
fortement que la premiere fois,
jusqu'à ce que l'eau-forte soit
soulée d'argent : vous la sur-
vuiderez alors dans l'autre matras , & vous la remplacerez
avec de nouvelle que vous ferez travailler comme les deux
premieres , jusqu'à ce que tout
l'argent soit dissout & séparé
de l'or. Lorsque vous aurez
d'autre matiere a départir, vous
pourrez employer cette derniere eau - forte affoiblie à la
place de celle que vous mettez en premier lieu. Il faut un
marc & demi de bonne eau-

forte pour faire le départ d'un
marc d'argent aurifere réduit
en lames, & il en faut deux
marcs pour départir un marc
du même argent granulé. Après
avoir décanté la troisiéme eau-
forte, vous laverez les grenailles avec de l'eau de pluie chaude ; vous les ferez même
bouillir dans cette eau, afin
de leur enlever toute la portion d'acide qui pourroit y être
restée. Vous garderez cette
eau, elle est préférable à l'eau
de pluie pour mettre dans le
récipient lorsque vous distillerez de l'eau-forte. Vous répéterez trois fois cette édulco-
ration, & à la derniere fois
vous vuiderez la chaux d'or
avec l'eau dans une tasse de
verre, en renversant promptement le matras, dont vous aurez fermé l'ouverture avec la
main. La chaux d'or s'étant

rassemblée au fond de la tasse,
vous vuiderez l'eau exactement, puis vous ferez sécher
la chaux en la chauffant dans
un creuset bien propre ; &
lorsqu'elle sera séche, vous
augmenterez le feu pour la faire bien rougir, après quoi elle
aura une belle couleur d'or.
Vous la peserez alors, & ensuite vous la fondrez, en y
ajoutant un peu de borax. Elle
ne doit point diminuer de poids
dans la fonte. Si l'or, pendant
qu'il est en fonte, paroît s'élever dans quelques endroits,
vous jetterez dessus un peu de
salpêtre pur & bien sec, & au
moyen de cette addition l'or
se mettra promptement en bain
clair & tranquille. Vous le
tiendrez quelque tems en fusion jusqu'à ce qu'il ait acquis
une couleur d'un jaune pâle ;
alors il faut le retirer du feu :
mais

mais vous prendrez bien garde qu'il ne tombe point de
charbon dans le creuſet ; car
ſi cela arrivoit l'or deviendroit
aigre. Ayant retiré le creuſet du
feu, vous le poſerez à terre , &
vous frapperez autour pour
que tout le métal ſe raſſem-
ble au fond : mais ſi vous voulez le mettre en lingot, en retirant le creuſet vous verſerez tout de ſuite le métal dans
une lingottiere chauffée , &
frottée de cire rouge à ca-
cheter.

CHAPITRE CI.

Maniere de retirer l'argent dissout dans l'eau-forte.

POUR séparer par la précipitation l'argent dissout dans l'eau-forte, vous mettrez cette dissolution d'argent dans une marmite de cuivre bien nette, avec six fois autant d'eau tiéde bien pure; & en agitant le tout avec un morceau de bois, l'argent se précipitera sous la forme d'un lait caillé. Au bout de sept ou huit heures, l'argent étant tout précipité, vous décanterez l'eau, qui sera alors claire & bleuâtre, & vous la mettrez à part. Vous pourrez vous en servir au lieu de l'eau de pluie que vous mettez dans le récipient lors de la distillation

de l'eau-forte. Edulcorez ensuite la chaux d'argent, & faites-la sécher, puis faites fondre
dans un creuset quatre fois autant pesant de plomb ; & lorsqu'il commencera à circuler,
mettez-y cette chaux d'argent,
& faites-la un peu scorifier :
l'argent s'imbibera dans le
plomb. Vous coulerez alors le
tout dans un cône chauffé &
graissé ; & après en avoir séparé les scories, vous ferez passer le culot de plomb sur une
coupelle, & vous retirerez l'argent fin ; mais avec perte d'un
gros par marc.

CHAPITRE CII.

Maniere de séparer l'or d'avec l'argent par le moyen de l'Eau-régale

CET or étant ou en lames, ou en grenailles, vous le mettrez dans un petit matras, & vous verserez dessus de l'eau-régale, dont j'ai donné la description. Vous procéderez d'ailleurs, comme dans le départ, avec l'eau-forte, & vous trouverez au fond la chaux d'argent blanche.

Pour séparer l'or dissout dans l'eau-régale, il faut mettre cette dissolution dans une tasse de verre, & y ajouter trois fois son poids d'une dissolution de beau vitriol dans l'eau. En mettart ce vase dans un endroit chaud, l'or se précipitera en une chaux bleue , que vous édulcorerez par des lotions répétées ; puis vous la ferez sécher auprès du feu.

CHAPITRE CIII.

Différentes manieres de séparer l'or de l'argent par la fonte.

POUR séparer par la fonte l'or & l'argent contenus dans un marc d'argent aurifere réduit en lamines, ou en grenailles, il faut le ftratifier avec deux onces & demie de la poudre fuivante. Cette poudre eft compofée d'une partie de fel commun décrépité, & de deux parties de foufre. On met d'abord au fond du creufet un premier lit de cette poudre ; par deffus on met un lit d'argent, puis un lit de poudre, & par deffus la poudre un lit

X iij

de sel commun. On continue
la stratification dans ce même
ordre jusqu'à ce que toute la
matiere soit dans le creuset. Il
faut alors lutter dessus ce creuset un couvercle qui doit avoir
un petit trou dans le milieu :
donnez ensuite à ce mélange
une chaleur douce pendant une
heure & demie, puis faites-le
fondre promptement à un feu
violent. Vous connoîtrez que
la matiere a été chauffée assés
vivement, en introduisant un
fil de fer dans le creuset, par
le trou du couvercle : s'il se
trouve fondu au bout d'un instant, il faut retirer le creuset,
le poser à terre, & frapper à
côté pour que le métal se rassemble au fond. Le culot qui
s'y trouvera sera couvert d'une
espéce de scories, ou d'un
Blachmahl noir, dans lequel
sera une partie de l'argent. Vous

granulerez ce culot pour le ftratifier de nouveau comme je viens de le dire , & vous répéterez exactement toute l'opération précédente ; ce qui concentrera, pour ainfi dire , l'or dans une plus petite quantité d'argent. Alors vous laminerez cet argent aurifere , & vous en acheverez le départ par l'eau-forte.

Faites fondre enfuite enfemble dans un creufet tous les *Blachmahls* des opérations précédentes , en y ajoutant un peu de limaille de fer. Le foufre & le fel , qui tiennent l'argent embarraffé , l'abandonneront, pour fe joindre au fer ; & l'argent devenu libre fe précipitera au fond du creufet ; fans avoir éprouvé de diminution fenfible : vous le retirerez lorfque le creufet fera refroidi.

X iv

Autre Procédé.

Prenez une livre de soufre bien pur, huit onces de sel commun décrépité, trois onces de sel ammoniac, & une once de *minium*. Faites du tout une poudre bien fine, avec laquelle vous stratifierez l'argent aurifere granulé. Procédez comme dans l'opération précédente, & vous aurez de même un régule d'or, que vous acheverez de purifier avec l'eau-forte.

Autre Procédé.

Mêlez exactement, & faites fondre ensemble trois onces de régule d'antimoine fait par le tartre calciné, une once d'arsenic fixé par le nitre, une once de nitre & une once de limaille de cuivre; versez ce mélange fondu dans un cône, il vous fournira un régule blanc. Faites rougir enfuite demi-once d'argent aurifere ; ajoutez-y, lorfqu'il fera rouge, une once de ce régule, & faites fondre le tout enfemble : l'or fe raffemblera féparément au fond du creufet. A l'égard des fcories, vous en retirerez l'argent en les travaillant fur un teft avec du plomb.

Autre Procédé.

Faites fondre dans un creufet demi-once d'argent aurifere, avec de l'antimoine, du cuivre & du plomb, de chacun pareillement demi-once : lorfque le tout fera en fonte bien claire, vous y joindrez du foufre, que vous aurez fait fondre dans un autre creufet à part, & vous couvrirez promptement le creufet avec un couvercle garni de lut frais & mol,

afin qu'en joignant exactement,
il empêche la fumée de s'échap-
per : vous laisserez refroidir le
creuset, que vous casserez ensuite, & dans le fond duquel
vous trouverez le régule d'or,
que vous travaillerez dans un
test.

Autre Procédé.

Prenez une once de sel commun, une once de tartre, demi-once de borax & une once
de soufre : faites du tout une
poudre fine. Faites fondre ensuite deux onces d'argent aurifere, & jettez-y, lorsqu'il sera
fondu, une once & demie de
la poudre susdite ; puis, lorsque
le tout sera en fonte bien claire, vous le coulerez dans un
cône, & il se séparera un régule que vous travaillerez dans
un test avec du plomb : par ce
moyen vous aurez un bouton

de bel or, qu'il faudra éteindre dans l'urine en l'y jettant tout rouge.

Autre Procédé.

Faites une poudre bien fine, composée de parties égales de soufre, d'arsenic & d'antimoine. Faites fondre ensuite un marc d'argent aurifere ; & lorsqu'il sera fondu jettez-y une livre de la poudre ci-deſſus : faites bien fondre le tout enſemble, puis laiſſez refroidir le creuſet, & vous trouverez un régule d'or au fond : mais ſi l'or prenoit dans cette opération un couleur pâle, il faudroit lui rendre ſa couleur de la maniere ſuivant.

Faites d'abord une poudre avec une once de ſel ammoniac, autant de verd de gris & un gros de nitre. Prenez enſuite un petit creuſet, mettez-y de

cette poudre au fond, placez
l'or deffus, & recouvrez - le
avec cette même poudre, de
maniere qu'il en foit enveloppé de toute part. Pofez ce creufet fur le feu jufqu'à ce que
toute la poudre fe foit diffipée
en fumée. Eteignez l'or enfuite dans du vin, & fa couleur
fera très-belle.

CHAPITRE CIV.

*Maniere de féparer l'or d'avec le
cuivre, par la fonte.*

PRENEZ un pot d'une leffive forte de chaux vive &
de potaffe, faites-en évaporer
la moitié, & mettez-y enfuite foufre, fel ammoniac, nitre
& verd de gris pulvérifés, de
chacun deux onces, puis faites évaporer la leffive à ficcité. Il faut enfuite granuler en-

semble une livre de cuivre aurifere & deux livres de plomb,
après quoi vous mettrez dans
un creuset une livre de ces grenailles, & deux onces de la
poudre susdite. Vous lutterez
le couvercle du creuset, &
vous le mettrez dans un feu
doux au fourneau à vent, vous
augmenterez le feu fortement,
afin de faire fondre la matiere,
pour que l'or s'unisse au plomb,
& se précipite au fond du creuset. Lorsqu'il sera refroidi vous
en retirerez le culot de plomb
aurifere, & vous le travaillerez sur un test sans addition.

Cette methode est la meilleure que je connoisse ; &
vous pourrez l'employer avec
le même succès pour séparer
l'argent d'avec le cuivre.

Autre Procédé.

Prenez une demie-once du

cuivre tenant argent , laminé & coupé en petits morceaux , ajoutez-y une once de vitriol , une demie-once de soufre, une demi-once d'alun , & une demie-once de sel ammoniac ; faites du tout un nouet dans un linge double , & faites-le bouillir dans l'eau , l'argent & le cuivre se sépareront.

CHAPITRE CV.

Maniere de rendre l'Or doux.

FAITES une poudre avec parties égales de sublimé corrosif & de sel ammoniac. Jettez à deux ou trois repri-ses un peu de cette poudre sur l'or aigre, que vous aurez fait fondre dans un creuset , & il deviendra parfaitement doux.

Autre Procédé.

Broyez ensemble parties égales de vitriol, de verd de gris, de sel ammoniac & d'*æsustum*, en humectant ce mêlange avec de l'eau forte. Mettez-le ensuite à une douce chaleur pendant deux ou trois jours, ou jusqu'à ce que toute l'humidité en soit évaporée. Répétez trois fois là trituration de ces matieres avec l'eau forte, en faisant évaporer à chaque fois l'eau forte que vous y aurez ajoutée. Ensuite faites fondre demi - once d'or, jettez-y un gros de cette poudre en deux ou trois fois, & l'or deviendra fort doux.

Autre Procédé.

Si l'or que vous voulez adoucir est en lingot, mettez-le dans un creuset & faites-le chauffer pendant une nuit dans un fourneau à cémenter, de maniere qu'il rougisse sans se fondre : l'or en deviendr a très-doux.

Autre Procédé.

Faites fondre un marc d'or, jettez-y une demi-once de sublimé corrosif ; quand le tout sera bien en fonte, coulez-le en lingot : l'or de ce lingot sera beau & doux.

CHAPITRE CVI.

Maniere de graduer l'Or.

PRENEZ vitriol, nitre & sel ammoniac de chacun une livre, verd de gris deux livres ; concassez toutes ces matieres, & distillez-les ensuite, comme celles qui fournissent l'eau forte, sans cependant
dant

dant les pousser tout-à-fait à
ficcité ; reverfez enfuite fur le
réfidu la liqueur diftillée, &
réitérez la diftillation. Répétez
cette cohobation fix fois; après
quoi vous retirerez le *caput
mortuum* contenu dans la cucurbite, & vous le réduirez en
poudre. Lorfque vous voudrez
graduer de l'or, vous en ferez
fondre une demi-once avec une
once de cette poudre ; & lorfqu'elle fera toute diffipée par le
feu, & que l'or commencera
à briller, vous le jetterez en
lingot, & il fera gradué.

Autre Procédé.

Prenez une demi-once de
faffran de mars, deux onces
de nitre, une once & demie
de fel ammoniac, un demi
gros d'*æfuftum*, un fcrupule
de borax, un fcrupule de vitriol, & autant d'alun ; faites

du tout une poudre fine, faites fondre ensuite une demie once d'or dans un fourneau à soufflet, & lorsqu'il sera fondu jettez-y un gros de cette poudre, puis cotinuez à souffler doucement, jusqu'à ce que toute la poudre soit consumée, & que l'or commence à briller : alors il n'y a plus qu'à le jetter en lingot, & il sera bien gradué.

CHAPITRE CVII.

Maniere de rendre l'or plus pesant.

J'AI seulement mis le titre de ce chapitre afin d'obferver dans ma traduction le même ordre qui eft dans l'Auteur Allemand. Mais j'ai cru inutile de donner ici un procédé, qui certainement ne peut pro-

duire aucun effet, & qu'il feroit dangereux de publier, s'il
méritoit le titre que Schindler lui a donné.

CHAPITRE CVIII.

*Maniere de fondre ensemble
toutes fortes de Billons, Pagament, pour les granuler, &
les essayer ensuite avec exactitude.*

PAr le mot Billon, en
Allemand *Pagament*, on
entend toutes fortes de monnoyes & de piéces d'argent
bas dont on ne peut pas faire
un essai juste, à moins de les
avoir fondu en une seule maffe ; & l'on est toujours obligé
de le faire, quand même ce ne
seroit qu'une seule sorte de
monnoye, parceque la plû-
part du temps on trouve dans

Y ij

ces fortes de monnoyes des pieces plus riches les unes que les autres.

Pour fondre le billon, il faut auparavant l'avoir pefé & avoir noté fon poids. Il faut enfuite prendre un creufet & le placer dans le fourneau à vent, fur un pied creux & rempli de cendres preffées; puis l'ayant couvert & ayant garni le fourneau de charbons noirs jufqu'au haut du creufet, on mettra en deffus quelques charbons ardens, afin que le feu s'allumant de haut en bas, le creufet puiffe s'échauffer peu-à-peu, & rougir fans fe caffer, ni fe fendre. On pourra alors le remplir de billon, que l'on fera fondre, puis on y en mettra de nouveau jufqu'à ce que tout y foit entré. Après quoi, le tout étant bien fondu, il faudra l'agiter

avec un crochet de fer rougi
au feu , & enlever l'espéce
d'écume ou la crasse qui sur-
nage le bain. On y jettera ensuite une bonne poignée de
poudre de charbon passée au
tamis ; puis ayant remué de
nouveau la matiere fondue,
avec le crochet de fer rougi
au feu, il faudra recouvrir le
creuset & lui donner une derniere chaude vive. Alors cette
matiere sera en état d'être
granulée ; & pour le faire,
vous la puiserez avec un
petit creuset bien rougi, que
vous tiendrez avec des pinces propres à cet usage, &
vous la coulerez à travers un
balai dans un tonneau rempli d'eau ; & lorsqu'il n'en
restera qu'une trop petite quantité pour qu'on ne puisse plus
la puiser avec ce petit creuset, vous coulerez alors le reste

avec le grand creuset. Cet argent étant granulé , vous en séparerez l'eau & les charbons, & vous ferez sécher les grenailles sur le feu dans un bassin de cuivre. Par cette maniere de granuler on ne doit perdre qu'un gros d'argent par marc.

CHAPITRE CIX.

Maniere d'essayer ces grenailles.

IL faut en peser deux marcs séparément , selon le poids de denier , puis il faut avoir deux grandes coupelles bien recuites, & mettre sur chacune dix-huit marcs de plomb. Lorsque le plomb sera en bain découvert & circulant, vous y mettrez le marc de grenailles d'argent enveloppé dans un morceau de papier ; & quand tout l'argent sera bien imbibé dans le plomb, vous fermerez la porte inférieure du fourneau de coupelle, vous ôterez les charbons qui sont à l'entrée de la mouffle, & vous couvrirez un peu le haut du fourneau pour refroidir l'essai, jusqu'à ce qu'il soit prêt à passer : Alors vous ouvrirez la porte inférieure & l'ouverture superieure, & vous placerez même deux gros charbons ardens à l'entrée de la mouffle. L'essai étant fini, vous retirerez les coupelles au bout de quelques instans, vous en détacherez les boutons, & vous les peserez tous deux ; s'ils sont de même poids, l'essai a été bien fait, & par le poids d'un de ces boutons, vous connoîtrez la valeur du billon.

C'est de cette maniere que l'on doit essayer tout l'argent de cette espece ; à moins qu'il

ne soit presque semblable à l'argent de vaisselle, dont je par-
lerai dans la suite.

L'exemple suivant, en vous
apprenant à calculer la valeur
en argent monnoyé d'une masse d'argent de cette espece,
ne servira pas peu à vous faire
mieux entendre cet essai.

Quelqu'un a de toutes sortes de billons qui pesent en
tout trente-quatre marcs huit
loths ; mais en le granulant,
cet argent à diminué d'un gros
par marc : ainsi la masse totale a perdu huit loths, deux
gros, deux deniers. Elle est
donc réduite à trente - trois
marcs, quinze loths, un gros,
deux deniers. Chaque marc de
cet argent contient sept loths,
deux gros de fin ; on demande
combien il y a d'argent fin dans
toute la masse, & combien cet
argent fin vaut en argent monnoyé

noyé, en le calculant fur le pied de douze florins, cinq grofches le marc.

Pour connoître la quantité d'argent fin contenue dans toute la maffe, vous ferez d'a-bord la régle de trois fuivante.

Si $\frac{1 \text{ marc}}{256 \text{ deniers}}$ contiennent $7 \frac{\text{loths } 2 \text{ gros}}{30 \text{ gros}}$

combien $33 \frac{\text{marcs, } 15 \text{ loths, } 1 \text{ gros, } 1 \text{ deniers}}{8694 \text{ deniers ?}}$

```
      8694
        30
  ─────────────────
  260820 | 256
  256    | 1018 | 4
  ────────────────────────
    482  |  8   | 254|16
    256  |  21  | 16 |15 marcs
  ────────────────────────
   2260    20   |  94
   2048    18|  |  80
  ────────────────────────
    212    16|  | 14 loths
  ────────────────────
      4        2 gros
  ─────────────
    848|256
  ─────────────
    768| 3 deniers
    80
   ───  ou  5/16  de denier.
   256
```

Ainfi toute la maffe de billon con-

Z

tient 15 marcs, 14 loths, 2 gros & 3 deniers d'argent fin. Je néglige la fraction des $\frac{5}{16}$ deniers. Pour sçavoir à présent le prix de cet argent fin, en argent monnoyé, vous ferez le calcul suivant.

Si 1 marc / 156 deniers vaut 12 florins 9 groschs / 257 groschs,

combien 15 marcs, 14 loths, 2 gros, 3 deniers / 4075 deniers.

$$
\begin{array}{c}
4075 \\
\hline
257 \\
28525 \\
20375 \\
8150 \\
\hline
1847275 \;|\; 256 \\
\hline
1024 \qquad |\; 4090 \;|\; 21 \\
\hline
2327 \;|\; 21 \quad |\; 194 \text{ florins} \\
2304 \;|\; 199 \\
235 \;|\; 189 \\
12 \;|\; 100 \\
\hline
470 \;|\; 84 \\
235 \qquad \overline{16} \text{ grosches} \\
\hline
2820 \;|\; 256 \\
\hline
256 \;|\; 11 \text{ pfennings} \\
160 \\
256 \\
\hline
\frac{4}{256} \text{ ou } \frac{1}{64}
\end{array}
$$

La quantité d'argent fin contenue dans la masse totale du billon, vaut donc en argent monnoyé 194 florins, 16 grosches, 11 pfennings $\frac{1}{64}$

CHAPITRE CX.

Maniere d'essayer l'argent de vaisselle, soit en grenailles, en lingots ou en masses.

SI l'argent que vous voulez essayer est en lingot, vous en couperez d'abord un bon pouce de long. Cette extrêmité du lingot doit être mise à part : elle n'est pas propre à fournir la matiere de l'essai. Vous en couperez ensuite un autre petit morceau, que vous réduirez en une lame mince, dont vous peserez deux marcs séparément, selon le poids de deniers : ajoutez à chaque marc de cet argent, sept marcs de plomb, & procédez comme il a été dit dans le Chapitre précédent pour l'essai des grenailles. Vous connoîtrez, par ce moyen la valeur de cet argent.

CHAPITRE CXI.

Maniere d'essayer les grosses piéces de monnoie, comme les florins & les demi-florins.

IL faut d'adord couper en deux, avec un ciseau, le florin que vous voulez essayer; puis vous battrez une de ces deux moitiés en une lame bien mince, pour la pouvoir facilement couper en petits morceaux. Vous en peserez alors séparément deux marcs selon votre poids de grain, & vous ajouterez à chaque marc d'argent, sept marcs de plomb. Vous aurez deux coupelles

bien recuites, sur chacune des-
quelles vous mettrez d'abord
les sept marcs de plomb ; puis
vous ajouterez dans chacune
un des deux marcs d'argent,
aussitôt que le plomb sera bien
découvert. Au reste vous con-
duirez cet essai comme celui
de l'argent raffiné. Il faut avoir
soin de faire cet essai avec la
plus grande exactitude, attendu que les plus petites fautes
font d'une très-grande consé-
quence. L'essai étant fait vous
peserez les deux boutons ; s'ils
font d'égale pesanteur, vous
pouvez être sûr que l'essai est
juste ; sinon il faudra le recommencer jusqu'à ce que vous en
ayez deux de même poids :
alors, en en pesant un exactement, vous aurez le titre du
florin.

CHAPITRE CXII.

Maniere d'essayer les petites piéces de monnoie, qui proviennent d'une seule fonte.

Prenez huit de ces piéces, coupez-en le quart de chacune que vous mettrez à part : puis pesez séparément, suivant le poids de grain, deux marc de ces piéces, dans lesquels vous ferez entrer une égale portion de chacune. Pour chaque marc de cet argent, il faudra seize marcs de plomb : faites ensuite passer cet essai à la coupelle, en le conduisant comme celui des grenailles. Plus la monnoie contient d'alliage, moins il faut lui faire éprouver de chaleur à l'essai, parceque suivant l'Auteur, le cuivre qu'elle contient a une qualité chaude que n'ont pas les autres métaux. Vous connoîtrez par cet essai la valeur de la monnoie que vous cherchiez.

CHAPITRE CXIII.

Maniere de raffiner sous la mouffle de l'argent seulement affiné, ou qui est encore impur.

AVANT de décrire l'opération du raffinage, je vais d'abord donner la maniere de préparer un bon test, propre à cet usage.

Vous prendrez un plat de fer, ou à son défaut un pot de terre fort large & haut de deux ou trois doigts. Vous remplirez ce vase de cendres criblées & lavées, mêlées avec des cendres d'or, comme il a

été dit à l'article des coupelles. Pressez ces cendres fortement, puis mettez-en de nouvelles par dessus, en pressant
à chaque fois, jusqu'à ce que
ce plat soit entiérement rempli. Alors promenez sur ces cendres, en appuyant fortement,
une boule de pierre bien ronde
& bien polie, afin de les tasser
autant qu'elles peuvent l'être;
ensuite avec un couteau cour-
be faites-y un creux en forme
de demi-sphere, proportionné
à la quantité d'argent que l'on
veut raffiner. Répandez ensuite dans ce creux de la claire, & faites - l'y tenir en pro-
menant la boule par tout. Mettez alors ce test à l'air ou sur un
fourneau chaud pour le faire
bien sécher. Il faut en avoir
toujours une certaine quantité
de faits; car plus ils sont vieux,
meilleurs ils sont.

Le teſt étant ainſi préparé, vous arrangerez des briques en quarré, ſelon la grandeur de la mouffle, qui doit être proportionnée au diametre du teſt. Cette mouffle doit avoir environ trois quarts d'aulne de hauteur. Vous couvrirez l'âtre ſur lequel vous devez faire l'opération, avec du ſable ou des cendres ; vous en mettrez une épaiſſeur aſſés conſidérable pour que ce lit ſe trouve venir à fleur de la partie ſupérieure du teſt. C'eſt ſur cet aire que vous poſerez la mouffle, vous l'environnerez de charbons noirs de toutes parts, & vous mettrez au-deſſus quelques charbons ardens, afin que le feu s'allume de haut en bas. Quand le teſt ſera bien échauffé, & qu'il ne contiendra plus du tout d'humidité ; (ce que vous pourrez connoître en mettant deſſus un petit morceau de plomb ; car s'il ne saute point , le test est parfaitement sec , alors vous y mettrez l'argent coupé en petits morceaux , & aussi-tôt qu'il commencera à travailler , vous y ajouterez deux gros de cuivre par marc. Il faut souvent remuer l'argent avec un crochet de fer rougi au feu , de crainte qu'il ne se trouve à la fin de l'opération couvert d'un voile de plomb. Lorsqu'il a donné les couleurs de l'Iris , & qu'il est en bain tranquille & brillant , vous le refroidirez en y faisant couler peu à peu de l'eau fraîche , que vous ferez tomber sur le bord , par le moyen d'un très-petit tuyau : ensuite vous retirerez la platine d'argent avec des pinces ; & lorsqu'elle sera parfaitement refroidie , vous la nettoyerez des cendres qui y tiennent , en la frottant avec des

broſſes de laiton, & vous
aurez un bon argent raffiné
au titre de quinze loths, treize grains & demi.

CHAPITRE CXIV.

Maniere de rendre l'argent doux,
de le graduer, & de le
rendre blanc.

FAITES une poudre avec
parties égales de tartre &
d'alun, & quand l'argent eſt
fondu, jettez-y une once de
cette poudre pour chaque
marc ; remuez bien le tout
avec un charbon ardent, &
vous aurez un argent bien
doux.

Autre Procédé.

Faites fondre votre argent
dans un creuſet au fourneau
à vent, & quand il ſera en fon-

te bien claire, jetttez-y à deux
ou trois reprises du crayon rouge réduit en poudre bien fine.
Cela rendra l'argent très-doux.

*Voici la maniere de graduer
l'Argent.*

Prenez six onces d'argent, une
demi-once de tuthie & une once de pierre calaminaire; mettez le tout ensemble dans un
creuset, couvrez ce mêlange de
verre de Venise, ou à son défaut de verre commun réduit
en poudre. Placez ce creuset
dans un fourneau à vent : lorsque la matiere sera en fonte,
vous y jetterez encore du verre commun pulvérisé, & vous
la tiendrez en fusion pendant
douze heures, au bout de ce
temps vous aurez, dit l'Auteur, de l'argent aussi pesant
que l'or.

Pour rendre l'Argent bien blanc.

Prenez deux parties de tartre & une partie de sel commun, tous deux réduits en poudre, mettez les dans une marmite de cuivre avec de l'eau pure ; faites ensuite rougir au feu l'argent que vous voulez blanchir, puis faites-le bouillir dans l'eau avec les matieres susdites, & il deviendra d'un beau blanc.

Autre Procédé.

Prenez deux parties de tartre, un tiers de partie de sel commun, & une demi-partie d'alun, le tout pulvérisé. Mettez ces matieres dans une marmite avec suffisante quantité d'eau, faites bouillir l'argent dans cette eau, & il deviendra d'un beau blanc. Mais

il faut avoir grande attention
de n'y toucher avec aucun ins-
trument de fer ; car cela feroit
devenir l'argent rouge. *Faschs*
dit, que si on fait bouillir de
l'argent dans de l'urine avec
du tartre pulvérisé, cette opération le rendra du plus beau
blanc.

FIN.

Œuvres Phyſiques & Minéralogiques de M. LEHMANN, traduites de l'Allemand en François par M. le Baron de HOLBACK, contenant, 1°. l'Art des Mines, ou, Introduction aux Connoiſſances néceſſaires pour le travail des Mines, avec un Traité des Mouffettes, ou Exhalaiſons Minérales. 2°. Eſſai ſur la Formation des Métaux, & de leurs Matrices ou Minieres. 3°. Hiſtoire Naturelle de la Formation des Couches de la Terre, avec un Traité des Tremblemens de Terre, & des Volcans, 1759. 3 *Vol. in-12 avec fig.* 9 liv.

Diſſertations Chymiques de M. POTT, Docteur en Médecine, Profeſſeur de Chymie, & de l'Académie des Sciences à Berlin, recueillies & traduites en François *par M. DE MACHY, Apoticaire-Gagnant-Maitriſe de l'Hôtel-Dieu de Paris*, 4 vol. in-12. 1759. 12 liv.

Cours de Chymie, contenant la maniere de faire les Opérations qui ſont en uſage dans la Médecine, par une Méthode facile, avec des raiſonnemens ſur chaque Opération, pour l'inſtruction de ceux qui veulent s'appliquer à cette Science, *par M. LEMERY. Nouvelle Edition, revue, corrigée & augmentée* d'un grand nombre de Notes, & de préparations Chymiques qui ſont aujourd'hui d'uſage, & dont il n'eſt fait aucune mention dans les Editions de Lemery, &c. *Par M. Théodore BARON, Docteur en Médecine, de l'Académie des Sciences :* Vol. in-4°. *avec fig.* 15 liv.

Leçons de Chymie, propres à perfectionner la Phyſique, le Commerce & les Arts, &c. par *M. Pierre SHAW, premier Médecin du Roi d'Angleterre*. Ouvrage traduit de l'Anglois par une Société de perſonnes verſées dans la Chymie. *Vol. in-4°* enrichi de Notes très-intéreſſantes, & précédé d'un Diſcours Hiſtorique ſur la Chymie en général, 1758. 10 liv. 10 ſ.

— *Par les mêmes Auteurs*, Pharmacopée traduite ſur la derniere Edition Angloiſe, avec un Diſcours Hiſtorique & Critique ſur la Pharmacie, &c. *Ouvrage enrichi* des Vertus & des Doſes de toutes les Préparations, de Notes ſur divers articles eſſentiels, & de pluſieurs Préparations intéreſſantes, qui ne ſe trouvent dans aucune des Editions précédentes de cette Pharmacopée. *Vol. in-4°. Sous preſſe.*

Elémens de Chymie Théorique, ou Introduction à la Chymie, &c. *Par M. MACQUER, de l'Académie Royale des Sciences, Docteur Régent de la Faculté de Médecine, & ancien Profeſſeur de Pharmacie.* Vol. in-12. avec figures, *nouvelle édition*, 2 liv. 10 ſ.

Du même Auteur, Elémens de Chymie-Pratique, *nouv. édition, revue & corrigée*, 2 vol. in-12. 1756. 5 liv.

Diſſertation ſur l'Æther, dans laquelle on examine les differensproduits du mêlange de l'Eſprit de Vin avec les Acides Minéraux. *Par M. BAUMÉ, Maitre Apothicaire de Paris.* Vol. in-12. 2 liv. 10 ſ.